阅读成就思想……

Read to Achieve

数字经济2.0

引爆大数据生态红利

[美] 达尔·尼夫（Dale Neef）◎著

大数据文摘翻译组◎译

中国人民大学出版社

· 北京 ·

图书在版编目（CIP）数据

数字经济 2.0：引爆大数据生态红利 /（美）达尔·尼夫（Dale Neef）著；大数据文摘翻译组译 . -- 北京：中国人民大学出版社，2018.4

书名原文：Digital Exhaust: What Everyone Should Know About Big Data,Digitization, and Digitally Driven Innovation

ISBN 978-7-300-25448-7

Ⅰ . ①数… Ⅱ . ①达… ②大… Ⅲ . ①互联网络—应用 Ⅳ . ① TP393.4

中国版本图书馆 CIP 数据核字（2018）第 011648 号

数字经济 2.0：引爆大数据生态红利

[美] 达尔·尼夫（Dale Neef） 著

大数据文摘翻译组　译

Shuzi Jingji2.0: Yinbao Dashuju Shengtai Hongli

出版发行	中国人民大学出版社		
社　　址	北京中关村大街 31 号	**邮政编码**	100080
电　　话	010-62511242（总编室）		010-62511770（质管部）
	010-82501766（邮购部）		010-62514148（门市部）
	010-62515195（发行公司）		010-62515275（盗版举报）
网　　址	http://www.crup.com.cn		
	http://www.ttrnet.com（人大教研网）		
经　　销	新华书店		
印　　刷	天津中印联印务有限公司		
规　　格	170mm × 230mm　16 开本	**版　　次**	2018 年 4 月第 1 版
印　　张	14　插页 1	**印　　次**	2021 年 3 月第 4 次印刷
字　　数	193 000	**定　　价**	59.00 元

前 言

本书适合每位想了解大数据现象和互联网经济内涵的读者：它是什么；为什么它是不同的；支持它的技术是什么；公司、政府和普罗大众如何从中受益；以及它可能在未来呈现给社会一些什么样的威胁。

这是一个相当高的要求，因为我们在本书中探索的公司和技术是：巨大的互联网科技集团，如谷歌和雅虎；全球零售商沃尔玛；智能手机和平板电脑生产商，如苹果公司；大规模的在线购物集团，如亚马逊和阿里巴巴；社交媒体和短消息公司，如 Facebook 或 Twitter。它们现在是世界上最具创新力、复杂、变化迅速和财力强大的组织。了解这些互联网强大集团最近的表现和可能的未来有助于我们了解数字创新正引领我们去向何方，同时也是了解大数据现象的关键。重要的是，无数的创新框架和数据库技术——NoSQL、Hadoop 或 MapReduce，它们正在极大地改变我们收集、管理和分析数字数据的方式。

鉴于这一主题的复杂性和多学科性，任何关于该主题的书都需要保持在相当高的水准上。虽然本书不会提供在 Hadoop 中编程或者在大规模并行处理网络中设置节点的方法，但会让读者对什么是大数据、哪些公司在引领我们以及为什么这些技术在未来如此重要有一个更透彻的理解。

写一本关于大数据的书的第二个挑战是，这一领域在迅速变化，几乎每周都有新技术、初创公司和应用程序涌现、合并或崩溃。事实上，在写本书的时候（可想而知还需花费时间来读），有许多新的产品发布，从首次公开募股（IPO）到新的智能手机版本，它们将创新的过程微微推向多个不确定的方向。考虑到这一点，我们会提供本书的定期更新版本。

一般来说，尽管公司、技术、政策和问题会有变化，但大数据和数字经济背后的主要趋势是显而易见的：更强大和灵活的计算机分析、借助移动智能手机和平板电脑的全球扩张、个人信息的大量数字化、专注于基于云的应用和存储以及公司和政府机构对个人客户和用户数据的收集。希望本书有助于所有的读者，无论是技术和非技术人员、公司经理和小企业主，还是学生或者其他感兴趣的人士，以更加明智的方式处理这些问题，因为我们正处于大数据和数字经济时代。

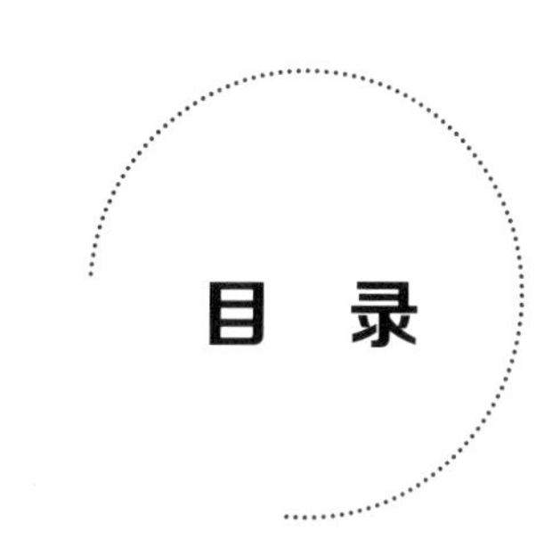

目录

Digital Exhaust

What Everyone Should Know About Big Data, Digitization, and Digitally Driven Innovation

第 1 章

大数据大爆炸

- 数字经济五个方面的共同推动产生了大数据现象：
  1. 消费者互联网；
  2. 工业互联网；
  3. 物联网；
  4. 不断增长的数字数据收集产业；
  5. 收集、解读非结构化及基于互联网的数据的新技术。
- 大规模的、前所未有的数字数据正在全世界范围内被收集着。
- 这为在以下四个方面利用大数据提供了可能：
  1. 在趋势和相关性方面提供之前无法获取的独特洞察力；
  2. 通过收集大量的用户数据提升销售和服务，或用于定向广告营销；
  3. 将出售用户数据作为单独的盈利手段；
  4. 大量使用机器交互数据创造行业供应链效率。

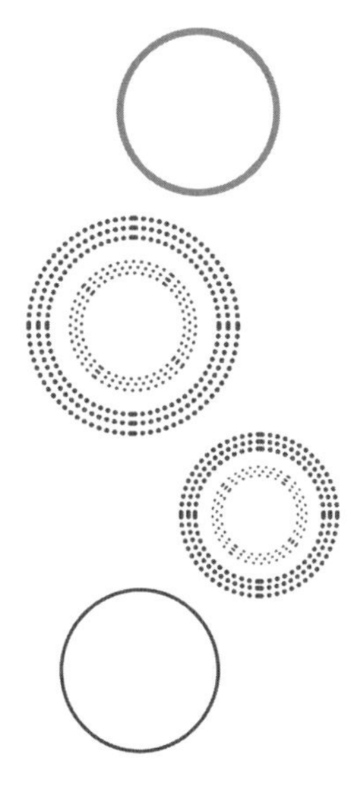

如今大数据这个词频繁地出现在各种媒体上。大数据过去常常被描述为遗传学、流行病学项目或DNA序列的统计方法，也会用于解释新的搜索和存储技术，这些技术能够让公司扫描各类在线媒体以获取“舆情”数据。很多人听到这个词都会想到谷歌，或者美国国家安全局（NSA），暗示他们收集、售卖与公民权利及隐私有关的个人数据。也有一些人认为大数据主要表现在新技术的应用上，如Hadoop、云计算或即将到来的物联网。有人说大数据是一场革命，也有人说那只不过是在信息技术发展的下一个变更阶段中找到兴奋点，利用过分渲染获取更大利益的借口（感谢这么多人都在热情高涨地谈论大数据，我才得以出版这本书）。

引发讨论的是：大数据包括所有这些事物，但又不能局限于任何一个特征定义，使得它成为一个“大事物”，所有这些不同的解释都反映了技术和经济变化的长期过程，它现在才刚刚开始变得成熟，开始证明自己是大数据智能复合体（这是我起的称呼）：一群有钱且有影响力的公司和政府机构负责大量的技术开发，助力经济发展和创新，并且在人们的交流方式、自我娱乐方式以及在与遍布世界的其他人的交互方式等方面产生变革。

大数据是一场革命或变革吗？按照历史标准，也许是。它是否是进化或变革过程并不重要，甚至比起电力、电话或内燃机，是否称得上是一场技术革命也并不重要。这些争论于我而言，不过是市场营销人员努力标榜或者美化自己的一种手段——用这些来证明自己是技术快速变化中的参与者。不过无论大家如何描述大数据，重要的是要考虑大数据在未来的几十年会将我们带向何方，因为大数据智能复合体的出现已经证明它无法控制且不可阻挡，创新以无法追随的速度出现，而且毫无规律。它不仅会影响公民权利和个人隐私（这两项已经变得非常重要），还会影响到我们的商业、全球经济、法律，甚至国家关系和未来发展。

大数据生态系统

在本书中，我们将能看到大数据在五个方面的融合，这五个方面看起来互有区别，但实际上是实力机构、新技术和消费趋势的聚集。这五个方面分别是什么呢?

首先和最突出的是较为熟悉的消费者技术：互联网、电子商务、远程信息处理、社交媒体以及移动技术共同创造了消费者驱动的大数据行业。这些都跟娱乐、智能手机和即时消息有关。我们在生活中的每一天都被这些围绕着：争论、合并和首次公开募股，金钱围绕着这些工具和玩具，数十亿的资金被投入到最新的应用程序上。消费者驱动的大数据行业很有价值，很有娱乐性，甚至让人分散注意力，正因为如此，我们会趋向于在某些程度上越来越轻视它，认为它没有比常规的生产力经济更重要或者有更强的经济属性，也不是促成就业和经济增长的要素。但是消费者驱动的大数据行业并不是微不足道的，它涉及了推文、照片共享和愤怒的小鸟。这是大生意，也汇集了大笔的钱，汇聚了广告、应用程序和游戏领域最顶尖、最前沿的思想，以前所未有的聪明手段捕获大量的个人数据。

就算不是技术性的革命，实际的技术也是非常引人瞩目的。但更有可能具有变革性的是在用户驱动的大数据经济领域中，巨头公司越来越多：谷歌、亚马逊、Facebook、阿里巴巴、Twitter、苹果公司以及众多遍布全球的支持或依靠这些大公司生存的互联网初创企业在未来十几年都将会主导行业领域的经济，或至少会产生巨大的影响。在可预见的未来，经济的增长不仅会发生在发达国家，也会发生在发展中国家（如果这种分类依然适用），这将取决于这些大数据巨头会把我们带向何方。有些人可能会感到焦虑：全球经济的未来在很大程度上依赖于屈指可数的网关技术公司，这是令人不安甚至恐惧的。

但是我们每天看到的与消费者相关的大数据只是一个方面，在消费者驱动的大数据行业风生水起的同时，另外一个大数据发展的重要领域也悄然萌芽，那就是大数据在工业方面的应用，大数据也同样适用于所谓的“旧”经济。正是因为机电一体化和互联网技术的结合，才改变了传统收集和分析业务数据的方式。新的自动报警传感器、组件和系统能够把性能数据放到无比复杂的企业级计算系统中，使得销售、财务、库存和后勤等传统业务功能更加高效（使用更少的员工即可完成相关的工作）。这些创新性的、基于机器的数据收集和分析技术背后是爆炸式增长的工业互联网和物联网，这两个方面导致数字数据的产生和收集并行发展（有时也会重叠）。

尽管硬件依然是由美国通用电气公司、西门子或埃里克森这些“旧经济”主导者生产和制造，并且这些公司也很可能会推动物联网的发展，但当物联网真正来临时，能控制它且从中获利的，却可能是那些新兴的少壮派，如谷歌、Facebook 和亚马逊。因为这些公司掌握了大数据挖掘和分析的核心能力。那些曾经担心 IBM 会成为他们老大哥的人应该重新思考这个问题了。当互联网的战役结束，IBM 和美国通用电气公司将只能提供支持性的基础架构，帮助亚马逊、谷歌和 Facebook 控制业务系统、家居、车辆和智能手机中数字数据流的流入和流出。

同样，这些工业互联网大数据技术本身并非是革命性的。我的萨博（Saab）汽车 6 年来一直提供与车辆相关的机械和电子故障预警。预测性诊断很有用，但它们仍然不能修复车辆。而谷歌就能很快地帮我启动车辆，还能告诉我应该去哪里修车以及如何到达那里。如果我带上谷歌眼镜，我还能通过语音命令或点头激活 Eaze 应用，然后通过摄像头扫描二维码激活我的虚拟苹果支付（Apple Pay）或比特币（Bitcoin）钱包，完成转账和付款。当我离开家的时候，谷歌利用 Nest 技术调整家中的恒温器，我还能通过亚马逊预订零部件或安排维修，或预订生活用品和洗衣服务。我通过运行谷歌 Android 操作系统的手机就能监控或发送指令，能够让谷歌监控和捕捉所有活动（包括我发送到服务中心邮件带有的情绪），这些信息都会增加到我的数字资料中，让我收到定制化广告（有可能会是一个来自汽车厂商竞争对手服务中心的优惠券）。谷歌会记录我对这些优惠券的反馈，以及我是否通过“喜欢”按钮将这个服务中心推荐到社交媒体的朋友圈，然后谷歌就会通过 cookie[①] 找到我朋友圈的那些用户，相应的优惠券就会出现在他们的 Facebook 站点上，他们也会被邀请到服务中心体验，与此同时数字信息收集还会持续并不断增长。

这个杜撰的老旧萨博汽车故事提出了一个很重要的观点。当三个大数据的趋势：当消费者互联网、工业互联网和物联网高度融合的时候，大数据的新纪元就将开启。

数字数据收集作为另一个强有力的行业，也与这些主要的大数据趋势并行发展起来。这里包含了很多大型互联网公司如谷歌、雅虎、Facebook 和 Twitter，还有在线零售商如亚马逊和苹果公司。此外还有大部分主要的线上或线下零售商（之前和现在的传统实体企业），如在美国的沃尔玛、塔吉特公司和沃尔格林公司，他们收集并售卖客户的个人信息和交易数据。还有几百家的在线数据跟踪软件和服务公司，可能大部分人从未听说过这些公司，但它们却监控着我们每天的线上活动、跟踪我们的数字化足迹，并且将数据（既有整合的，也有个人的可识别信息）出售给广告商、人力资源代理机构、收债方以及任何愿意为之付钱的买主。当然，这里还包含了大部分的广告代理机构以及大型数据整合公司，如 Experian、FICO 以及 Acxiom，这些公司最早是做信用报告的，但它们现在维护着巨量的数据库，里面包含了全世界数以百万计的个人信息和隐私数据。

当这些数据的持有者们在一起的时候，他们有时互相竞争，有时又互相支持与合作，形成了一个既强有力又阴暗的经济力量，他们通过解读和售卖与消费者相关的数据让更多的公司以一种以前不可能想到的方式更加了解他们的消费者。这些数据收集者从两个方面体现他们的价值：一是他们拥有这

① cookie，有时也用其复数形式 cookies，指某些网站为了辨别用户身份、进行 session 跟踪而储存在用户本地终端上的数据（通常经过加密）。——译者注

些数据库，这是事实；二是他们有工具来控制那些想要拿到数据的人们，他们来决定数据如何被分发、谁能够看到以及如何使用。他们对于大数据经济的成功是至关重要的，因为他们能将原始数据转化为以用户为目标的广告黄金。

这四个趋势的交汇造成了数据生产和收集活动的疯狂以及数字数据的浪费。事实上，对大多数公司来说大数据意味着大数据过载。这些公司被通过在数字数据市场售卖与客户相关的数据能够创造新的盈利点所诱惑，被告知要收集所有能收集到的客户和交易数据，并把它们都存储起来，以备在日后能够从中提取到对广告或者产品销售有用的信息，或者干脆直接把这些客户数据卖给其他公司。这些都已经变成了如今这些机构的咒语（特别是像美国国家情报局这样的部门），他们会收集所有的数据。这意味着电子邮件、信用卡号、在线购物、用户在网上查看和拒绝的内容、广告点击和页面停留时间、客户投诉电话、Twitter 上提到过某个公司或产品的记录等都会被收集。因此在大数据市场，对个人数据的价值、所有权和神圣性的期望正在发生巨大变化。

现在我们来谈一谈大数据现象的第五个特征：支撑大数据的技术也正在不断涌现。要能从所有的数字数据中提取价值，数据首先需要被存储、组织、检索和分析，而当前的系统不能很好地处理大量非结构化数据。我们这些做 IT 的人士比较了解，大多数公司的系统都已经到达一个极限，都受限于传统数据库技术。

这意味着如果想从大数据中获益，那么这个大数据现象中所涉及的众多方面都需要达到目标才能确保新的大数据技术能够成功，这些方面包括：

- 数据搜索和索引技术允许挖掘大量独立的数据集。它们以 NoSQL、Hadoop 和 MapReduce 类技术的形式出现，这些技术为谷歌、雅虎、Facebook 和亚马逊的大数据搜索功能提供了相同的工具。

- 易于访问的数据存储技术，部分需要促进向基于云的外包迁移，以及由亚马逊和谷歌等互联网强权建立的庞大的全球数据存储能力。
- 改进的分析工具，有助于筛选大量数据，以发现重要的关系和相关性。

这些新技术的发展是重要的，因为它们使得 IT 行业和风险资本市场将注意力从计算能力（利用更强大的计算系统的数字处理能力）的持续增长（如果是平稳的）转到专注于非常不同的大数据。

大数据的特征定义

大数据和大计算有什么不同呢?

首先，大数据不仅仅是数字运算，大数据是要收集和利用前所未有并且几乎是难以想象的数量级的数字数据，现在这些数据已经存在并且可以使用新的分析工具形成数据洞察。之所以称之为大数据，数据量是一个关键因素，前提条件是世界各地每一秒的数据都呈现爆发式的增长，这已经成为事实了。

简单来说，数字化的爆发式增长已经达到 GB 或 TB 的边界，这在以前已经是非常惊人的数据量，但今天我们谈论的已经是 PetaByte（PB），ExaByte（EB），YottaByte（YB），ZettaByte（ZB，1ZB = 1 万亿 GB）这样的形式。我个人比较喜欢 BrontoByte（1000 YottaByte），部分原因是这听起来有些像《摩登原始人》（*the Flintstones*）[①] 里的人订了一个外卖。

对我们大多数人来说，这些数字没有透露很多信息。 大部分时间我都在做数据管理工作，当 IBM 估计每天生成额外的 250 万的三次方字节的数据时，我不知道这意味着什么。图 1-1 的这种数字数据爆发式增长趋势图能让大家

① 《摩登原始人》是一部美国动画电视剧。——译者注

好好体会一下。

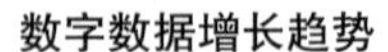

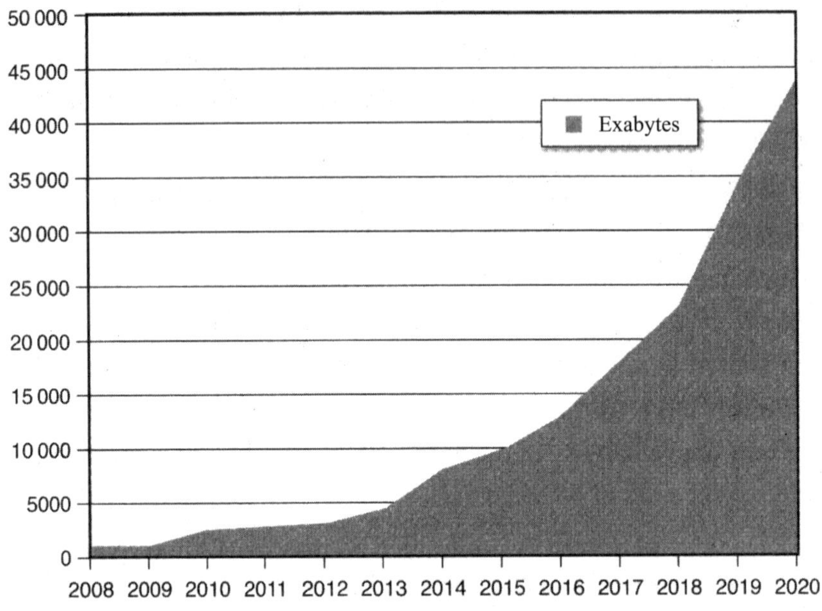

图 1-1　数字数据的爆发式增长

数据来源：IDC

做一个对比会有帮助。例如，据估计，在 2011 年左右的时候，全球产生的数据量大约超过 1.8ZB（1.8 万亿字节），那时电子化存储的字节数像宇宙中的星星一样多。或者想象一下每天有 25PB 的新数据进入互联网，这比美国国会图书馆所有收藏的 70 倍还多。IDC 预测数字化宇宙将增长 10 倍，数据量将从 2013 年的 4.4EB 增长到 2020 年的 44EB。

最好是想想我们比较熟悉的交易形式。例如，每分钟就会有 48 小时时长的新视频上传至 YouTube。同样在这 60 秒内，Facebook 记录了 34 722 个“喜欢”（likes），全球范围内创建了 571 个新站点。在 1 小时里，沃尔玛的 POS 机记录了 100 多万个客户交易。全球范围内每三天就会有 1800 多亿次的邮件往来。最近美国国会图书馆宣布他们每天收集 5 亿多次的推文，目前有 1800 多亿次的推文已经归档。

比一个全面的推文档案的想法更令人不安的是，一个单一的数据整合公司 Acxiom 现在维护的一个配置文件包含关于近 1.9 亿人的约 1500 个数据点。该数据库有近 1.26 亿美国家庭以及全球约 5 亿人的信息。Acxiom 每年处理 50 万亿数据“交易”，并且他们只是数千个收集和出售个人数据的数据整合公司中的一个（尽管是更大的一个）。

这数字洪流的参与者不仅限于美国和欧洲，目前已经有 70% 的数字数据都在美国以外生成，到 2020 年，仅亚洲数据市场将会产生比美国和西欧的总和更多的数字数据。这个大规模数字化过程真的只是刚刚开始，全球 90% 的数字数据是在过去两年中产生的，数据生成率稳步增长，同比增长 50%。这意味着到 2020 年，相比现在将会多产生和存储将近 800% 的数字数据。

大数据第二个比较重要的特征是数据来源多种多样：在线互联网搜索、电话记录、GPS、社交媒体、汽车的诊断系统，还有来自成百上千的传感器和自动报警组件的数据也已经是我们这个世界不断增长的一部分。

为了说明这一点，请考虑一下每个人每天产生的数字数据量，不仅仅是站点访问，或 Twitter 账户的输出，或文本和电子邮件，还包括在工作中通过企业系统、演示文稿以及转发和分组电子邮件生成的所有数据。然后考虑一下所有的在线行为都会被记录和跟踪，并以某种方式被保存。每一次在线购物：音乐、游戏、处方、博客、照片或视频、喜欢的或不喜欢的。如果你在线扫一眼本地报纸或《纽约时报》，就可以确定有数百个电子跟踪器即时记录了你读的页面，计算了你的逗留时间，以及确定了你对哪些广告感兴趣，哪些不感兴趣。如果使用电子阅读器，它们则会监控你选择要阅读的内容，阅读它需要多长时间，甚至你在每个页面上阅读的笔记。对客户服务代理的电话呼叫可以被记录并数字化，用于日后提取关键词或做情感分析。当我们用会员卡去回家路过的日用品店购物，零售商以及购买零售商数据的买家已经拥有了细化到每一条的购买记录。在很多商店里，智能手机会识别客户身份并传递给店内的跟踪系统，而闭路电视则在过道跟踪这些客户。

通过机顶盒和基于订阅的有线电视供应商而购买的视频流、电视和电影都被监控和记录。可穿戴技术可以监测心率、温度和血压，并计算我们已经消耗了多少卡路里。智能手机传送着我们是谁、我们在哪里，我们汽车中的 GPS 系统持续给出我们的位置、行驶速度，甚至潜在的驾驶行为和与刹车习惯相关的数据。在吃晚餐和一家人准备睡觉时，公用事业公司监测我们的水电使用量和使用时间。如果像我一样，你家里有 Google Nest，它们就可以获取你家室温的详细记录。

每一天，数据整合公司汇集从在线和离线交易中获得的我们的金融和个人生活的大量记录：就业、收入、贷款、还款。他们将我们的社会经济地位、偏好、姓名和联系方式出售给感兴趣的零售商、牙医、汽车经销商或慈善机构等。其他在线数据整合公司（有些声誉很好，有些则不尽然），大概只要花 10 美元，就能获得我们的个人信息：电话号码、电子邮件、住所、在哪里上中学或大学、亲戚是谁，甚至经常联系的人有哪些，只要这些人在世界某个角落访问互联网。面部识别软件捕获我们或其他人在网上发布的照片，那些照片又反过来被主流搜索引擎选入数据库。如果照片是用手机拍摄的，数据还能够显示这些照片最初是在何时何地拍摄并发布的。

这只是消费者方面的大数据，除此之外，所有工业互联网、成百上千的供应链和金融交易系统所产生和交换的数据也在遍布全球的公司、供应商和客户中发生。随着我们越来越多地进入智能部件和自监控组件的世界，数以亿计的测量值，如（汽车、喷气式飞机和轮船的）发动机、泵、轴承、制冷机、空调，到无数其他产生热量和动力的机械装置，每一秒都被记录下性能数据。再想想政府数据：民意调查、就业水平、劳工统计、国民生产总值（GNP）、零售价格、流行病数据，以及有关贫困和犯罪的统计数据，所有这些数据都正在被创造出来并且以前所未有的增长速度以数字化的形式被存储。

有一些数据，如姓名和联系方式、信用卡和社保卡号、产品 SKU、银行交易信息，这些都是结构化数据，易于转换成二进制代码，并且可以导入电子表格里用于搜索和检索。虽然这些数据在现有的关系数据库和分析系统能力方面有所受限，但这都是在过去 30 年已经被标准化的数字数据。除了数据量在不断地增加，我们并没有必要对这类数据进行变革。

但是，全世界今天生成和收集的大部分数据（可能高达 90%）来自视频，互联网搜索跟踪，客户服务电话和其他数字来源，这些半结构化或非结构化格式的数据使得使用我们的常规存储、数据库和商业智能技术的搜索和检索变得非常困难。图 1–2 反映了结构化和非结构化数字数据之间的相对增长趋势。其中一个基本的争论就是有些人认为大数据唯一的新现象就是我们需要保留所有产生的数据，因为只有当通过算法对完整的单个大数据集计算时，计算机才能识别出新的模式和相关性，否则这些洞察仍然是不可见的。

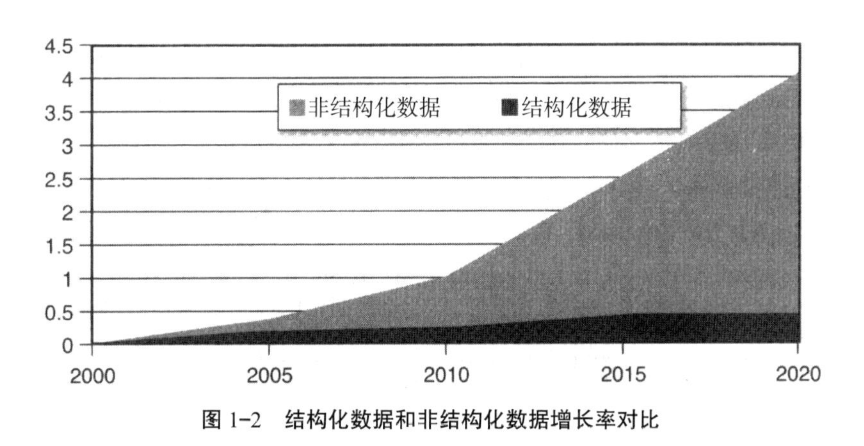

图 1–2　结构化数据和非结构化数据增长率对比

数据来源：IDC

这反映出大数据是起源于科学和工程领域的，并假设这个完整、单一、庞大的数据是清洁未受污染且相关联的。显然，如果 90% 的数据来源以如此广泛多样并且多变的形式出现，那要得到可用数据将会面临更大的困难。仅仅就消费者和工业行业产生的数据来说，这其中大部分都是非结构化数据。如果我们要去处理这些数据集，就需要将我们的常规方法改为数据管理。

我们来看看大数据最为重要的第三个特征。当今，日新月异的科技工具让我们不仅能够储存每天在用户喜好、政治观点、购买模式以及个人健康等情景下产生的数据，我们还能分析这些数据，挖掘其中的相关性并得出结论。这在过去是不可能完成的任务。如今大数据的算法复杂且精密，计算机能力又前所未有的强大，通过这些算法揭示数据间相关性和洞察的能力远非传统数据存储和商业情报工具可比，这也是大数据区别于“更多数据”的重要特征。

这些大数据工具大致包括新的存储系统（主要是云计算）和新的搜索、分析工具，如 Hadoop 和其他 MapReduce 类技术等，这些工具帮助存储分析不同格式的海量数据。那些源自强大搜索引擎雅虎和谷歌的科技已经彻底革命了我们的搜索方式。我们将会在书中仔细地探讨这些工具与科技，但有一点必须要注意，所有这些我们已经讨论过的或是将要讨论的科学技术，都史无前例的“民主化”了。通过各种基于云的企业软件以及其他产品，它们第一次可以被应用于各种大大小小的企业机构。正因为它的民主化，使得几乎每一个人都能得到一小块大数据的甜头。这也许正是大数据已经占据商业世界想象力的原因之一。

狭义来说，以下这些都是大数据现象最基本的特征：来源纷多、不计其数的数据每时每刻都在产生，而如今的技术让我们可以捕捉到这些数据；新型科技工具能让我们在大数据集中提取数据行为模式以及相关性，这些都是以前做不到的。这些基本特征就像高德纳咨询公司（Gartner Group）长久以来对大数据的描述：大数据，一种高容量、高速度、高质量的信息资产，有成本效益，通过创新的信息处理方式来增强洞察力、决策力以及流程优化。

DIGITAL EXHAUST

大数据的关键要素

- 海量数字数据以及巨型数据集
- 广泛多样的数字来源以及数据格式
- 新的工具和科学技术帮助提取数据模式以及相关性信息

对大数据的定义，最早是由高德纳咨询公司（然后是 META 集团）在 2001 年提出。当初它看上去并不是革命性的，也并没有说服商业以及 IT 领域因此去买卖全新的信息技术平台。这么多年过去了，即便是云计算不断成长，MapReduce 技术也越来越普及，我们还是没能真正看到大数据承诺会带来的利润增长以及变革效果。直到现在，情况才有所不同。

大数据的四大优点

正如我们所说，大数据、数字经济已经不是什么新话题。早在 1997 年，大数据和数字经济这个词组就已经出现在当时的科技新闻上了。容量（volume）、速度（velocity）和多样性（variety）三个同样以 V 字母开头的英文词汇已经被广泛用于形容大数据现象。而大数据现象本身也在 2001 年被高德纳咨询公司多次强调。但直到最近，大数据讨论才激活了那些耳熟能详的大人物。让我们看看最近哪些意见领袖讨论过这个话题。

普华永道会计师事务所：当大数据的潜力日益可见，它将改变企业的方方面面，从战略和商业模式设计到市场营销、产品开发、人力资源、运营，等等。

美国通用电气公司全球研究所综合系统工程实验室的经理乔・萨尔沃

（Joe Salvo）表示："我们处在一个拐点，新一波生产力将会连接起智能机器和人类。"

麦肯锡全球研究所预测："一个零售商如果能将大数据应用得淋漓尽致，那么他的营业毛利率能够增长 60%…… 欧洲的发达经济体政府仅仅将大数据用于改进运作效率，就能节省 1000 多亿欧元（相当于 1490 亿美元）。这还不包括将大数据用于减少税务欺诈、税务错误和增加税收。而享受基于个人定位服务的消费者将会带来 6000 亿美元的消费者剩余。"

大数据真的能改变一个企业的方方面面，产生 6000 亿美元的消费者剩余，并且为零售商带来 60% 的运营利润增长率么？

真的吗？

若果真如此，我们现在讨论的真是很重要的事情。但很明显，当我们使用大数据这个名词时，我们首先要明确自己说的到底是什么。因为当我们使用这个词汇时，并不是每个人都在讨论同一件事。

对大数据现象的标准定义以及描述能够帮助我们理解大数据到底是什么，但却无法真正让我们理解为什么大数据是如此重要，为什么它正在重塑全球经济。为了更深刻地理解大数据，我们需要讨论的不是大数据是什么，而是大数据做什么。以下就是大数据的四大优点。

大数据提供了独一无二的洞见

就像我们见到的一样，大数据就是利用强大的计算机去分析大量多种来源的数据集以取得数据背后所隐含的相关性和模式。本质上，大数据咒语就是"让数据自己说话"。从流行病学家、经济学家甚至像纳特·西尔弗（Nate Silver）这样的政治民意调查者的研究来看，有太多证据能够证明，只要能充分挖掘大数据的潜力，洞察可以是十分深刻的。

例如，医院现在可以用更先进有效的办法照顾新生早产婴儿。他们能实时采集早产儿每一次呼吸每一次心跳的数据。对这些数据的分析可以在婴儿出现任何感染症状前24小时就被预测出来。想想英国葛兰素史克（GSK）公司创建的治疗目标验证中心（CTTV）和一些其他生物科学研究中心。它们共享早期阶段的研究工作，整合了大量疾病背后隐含的生物过程数据，并允许各类公司及研究人员分析这些数据以便了解遗传是如何影响疾病变化的。同样，美国国家天气局每天使用Raytheon软件从美国以及其他国家的气象卫星上采集数据，这些数据包含了地球上每四个小时里每平方米气象的变化，数据量将达到5.4TB。这让人惊诧不已的数据还需要通过复杂算法与全球温度、风速和大气压力以及本地信息相结合，然后实现各种各样的用途，如天气预报、海冰浓度测评。

不幸的是，初学者是无法从这茫茫数据中得出高水平洞见的。数字可能不会说谎，但却能够误导人们。大型数据集分析背后的复合型算法通常是很难构建和解读的；统计和数据模型上的问题能够轻易地扭曲最终的结论。正如我们所看见的，尽管更大的数据集能够支撑更复杂精密的分析，但是这种水平的复杂分析大部分只会出现在科研领域。因为在科研领域中，我们能够比较容易地控制以及管理数据，并且具有专业能力的数据科学家可以随时为提出的假设以及验证过程提供指导。

大部分普通的制造商和零售商能否容易地获取这种深刻洞察还有待验证，但他们或许应该接受一个平淡的事实：只要他们能更有效地利用现有的技术或采用更严谨的数据管理技术来处理现已收集到的大量结构化交易数据，他们就能达到正在苦苦追求的目标，即更好地了解供应链成本和盈利能力以及洞察客户的购买模式。

当然，无论大数据的局限性有多大，通过大数据集复杂运算获取的独特洞察一直是大数据的核心。学者、流行病学家、统计学家和经济学家在描述大数据现象时，从没有停止讨论过这种洞察力。

大数据支撑数字广告以及个体定制化营销

新技术可以从大量非结构化数据集中提取洞察这一原理在市场营销和销售领域中同样适用。事实上，当大多数零售商、广告传媒、市场营销专家或是商业新闻专栏作家描述大数据时，通常他们不会去谈论纳特·西尔弗、葛兰素史克公司或美国联邦储备系统使用的高级可预测性计算，而更有可能谈到企业如何运用大数据集分析和新的存储及提取技术去更好地预估销售趋势，或收集消费者个人数据，制定个性化的精准营销。原理是相同的，方法和工具也是类似的，但关注点是不一样的。这些大数据倡导者希望通过收集和分析个人消费者的大量信息，更好地定位他们的广告活动，从而卖出更多产品。

运用大数据去分析客户信息已席卷零售市场。奢侈品制造商 Burberry 的首席执行官安吉拉·阿伦茨（Angela Ahrendts）说："消费者数据将是未来两到三年内企业间最大的差异化因素。谁能解开大数据之谜并将之利用，谁就能成为赢家。"

这是个很有吸引力的想法。毕竟，像亚马逊、谷歌以及 Facebook 这些大公司能获得如此高水平的资金投资和股票估值的原因就是当他们将复杂搜索技术用于系统中上百万的用户资料时，他们的优势是无比巨大的。尽管用户觉得这些平台是提供服务的，比如搜索引擎、电子邮件、新闻站点、网上商店或是分享照片的社交媒体，但是公司高层执行者们和他们背后的投资者们一直将其视为收集数据以及销售数字广告的平台。全世界花了点时间才意识到，对那些获得巨大成功的谷歌、Facebook 以及 Twitter 等互联网公司来说，无论电子商务，还是在线搜索，在现实中，用户数据一直都是核心。

英国麦克米伦出版公司的总执行官约翰·萨金特（John Sargent）最近在《纽约客》（*The New Yorker*）的一篇文章中承认，他在 20 世纪 90 年代中期曾与亚马逊的杰夫·贝佐斯（Jeff Bezos）有过一次会面。他说："我以为杰夫只是想做个书店，我真是个大傻瓜。书是获得顾客姓名以及相关数据的方式。

书其实是他的客户收购战略。”

这个战略在当时来说，是杰夫·贝佐斯所独有的，现在显然已经不是了。正如我们所见，广告界的中心正在向数字广告特别是移动数字广告转移，而抓取客户个人信息并运用预测性分析正在飞速地彻底革新整个广告界。同时，随着越来越多的广告收益从传统印刷媒体转移到了数字媒体，从个人电脑和电视转移到移动客户端，广告人也面临着愈发沉重的压力去更精准地锁定目标人群，并向他们传递有效的广告信息。一条投放在错误地点、内容毫无章法，更糟的是与目标人群毫不相干的移动客户端广告简直让人再沮丧不过了。广告界明白数字广告要想获得成功，各大媒体集团和互联网平台领导者们要想都将公司的未来押在数字广告上，那所有的广告内容都必须更精良而且能够精准锁定目标人群。他们认为最好的方法就是尽其所能去了解每一个消费者。

当然还有其他好处。特别是比起批量印刷的信件或电子邮件广告，至少精准的数字广告是明显更有效率的。市场营销人员希望能够在正确的时间将正确的产品及价格、正确的信息描述推送到正确的人面前，同时还能在客户的移动设备上成功追踪该产品推广活动的效果。从企业的底线来说，这必须能带来销量上升和成本显著降低。当然，消费者也应当从中获益。

看起来这些都是互联网科技企业、移动应用开发者和广告人大肆庆祝的理由。不过，这种方法能否对品牌和零售商带来收益还有待考证。无论我们从职业大数据营销专家们那里听到了什么说法，目前仍然很难证明数字广告就能给零售商带来更多销量和营收。正如我们所见，虽然数字广告信息确实更精准有效，但直到最近还没有什么研究证明这种个性化的广告方式确确实实能够提高消费者的购买率。

不过，广告从来就不是门严谨的科学。像约翰·沃纳梅克（John Wanamaker）所提出的至理名言：“我花在广告上的钱一半都打了水漂，而且我都不知道是哪一半。”广告人和市场营销人员希望在未来通过收集每一个人的大量数据，在广告上能做得比“一半”更好。

大数据为收获和买卖消费者数据创造了一个市场

即使一家企业不做广告，也不通过零售直接向消费者出售产品，它仍然可以通过出售用户数据来获得收益。事实上，一个庞大的个人数据市场已经出现了，它向各类组织机构提供了出售其所知的消费者个人数据的诱人机会。

获取和出售用户数据获得的盈利真是让人垂涎三尺。例如，美国沃尔格林公司向美国证券交易委员会（SEC）承认，它在 2012 年曾将用户使用的处方和处方医生数据以 7.49 亿美元卖给了一家制药巨头。这笔钱足以引起管理者的认真关注。在过去的几年中，大多数机构已经在考虑是否要收集并出售自己用户的数据。史宾沙管理顾问公司（Spencer Stuart）最近对 171 位美国营销高管发起了一项调查。调查结果很好地反映了市场营销人员已经对大数据和用户信息挖掘这一策略敞开了怀抱（如图 1–3 所示）。

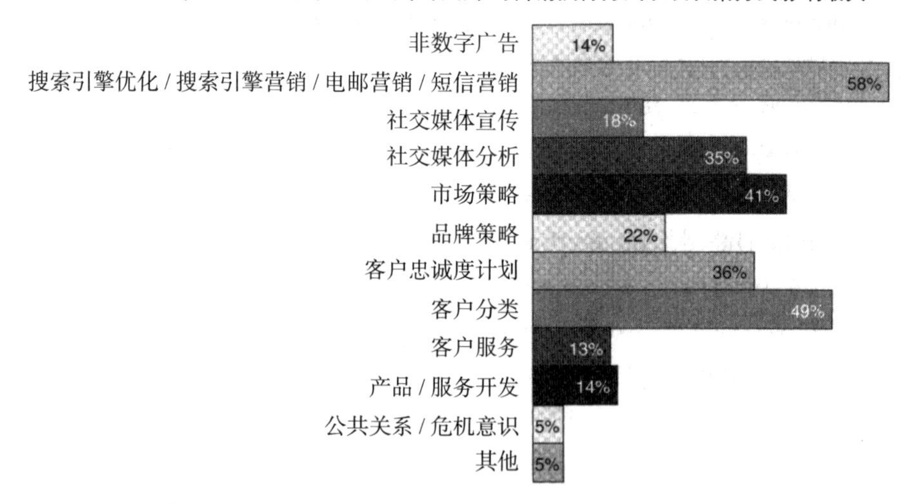

图 1–3　希望大数据将会改善营销、销售和顾客服务

数据来源：Spencer Stuart

不过这种形式的消费者数据挖掘可能带来大麻烦。沃尔格林公司和 CVS 公司[①]收到了一连串的法律诉讼，都是消费者对于个人医疗数据被泄露而引发了不满。塔吉特公司在过去的十年里一直在吹嘘自己如何收集和分析用户数据，但无论它如何努力利用数据分析来提升用户体验，并没有多少客户认为自己那段时间的购物体验有了明显变化。更严重的是，包括社保号码和信用卡号码在内的塔吉特公司用户个人数据在一次数据泄露事件中被黑客攻破，并被盗取了 4000 万份支付卡信息。塔吉特公司 的首席执行官引咎辞职，公司花了超过 6000 万美元去处理这次数据泄露。塔吉特公司当年圣诞节的总收入直降 5%。

现在就要预判消费者对自身数据以及隐私的态度还为时过早。许多人认为，鉴于无数不受监管的来源都在收集并出售着我们的数据，人们只能接受现实并承认我们曾经所谓的隐私已不复存在。但也有许多人觉得消费者因为隐私问题而反对大数据现行的用户大数据政策来说是一种倒退。随着数据泄露丑闻不断发生，人们通过法律诉讼、抵制或者支持可选保护隐私的软件，掀起一场关于个人数据如何被使用的革命（隐私问题将会在第 10 章详细讨论）。

大数据提升供应链以及产业服务效率

大数据的第四大应用再次回归洞察，不过这次和用户数据一点关系也没有。“生产和运输”行业中的纯粹主义者认为关于大数据在收集用户数据和为移动端定制精准广告上的讨论实在太多了。反之，他们认为，世界应该为大数据和新的机电一体化组件在产品开发、生产或交付中创造革命性效率的能力而欢呼。不同于广告和营销人员、研究人员或经济学家，来自美国通用电气公司或西门子等公司的工业领袖对大数据有着另外的理解。他们将大数据看作一种新型科技，这种科技能从供应链、工业互联网和物联网上提取并分析机器间的交互数据。

① 美国最大的药品零售商。——译者注

他们认为大数据的真正优势是来自新的基于机器的自我监控和自动报警技术，该技术现已在全球供应链得到广泛应用。当这些复杂的传感器与互相交错的诊断网络最终与物联网相融合时，就会带来效率的大幅提升（如图 1-4 所示）。

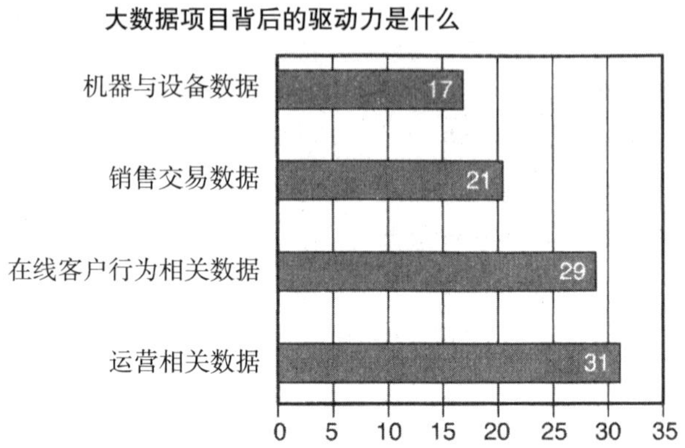

大数据项目背后的驱动力是什么

类别	数值
机器与设备数据	17
销售交易数据	21
在线客户行为相关数据	29
运营相关数据	31

0 5 10 15 20 25 30 35

图 1-4　大数据项目的起源

数据来源：IDC

毫无疑问，围绕着美国通用电气公司当初提出的工业互联网概念，很多变化正在发生。倡导者们可以理直气壮地说，迄今为止，专注于通过提高效率来降低成本（企业的期望底线）的大数据项目远比专注于描绘用户画像和定制广告以提高企业收入的项目有效率得多。事实上，基于不断提升的人工智能和机器学习技术，按照结果来看，工业互联网可能是最具变革性的。因为在可预见的未来，工业互联网大数据将会给生产力、就业率以及持续性的经济两极分化带来深远的影响。

迷失在大数据的宇宙中

怀疑论者可能会说，大数据的这些概念不过是我们已经玩了很多年的企业资源计划（ERP）系统和商业情报软件在逻辑上的延展。他们可能是对的。实际上，我们对这个新机遇的兴趣是如此强烈，以至于将整个大数据市场等同于信息技术市场本身，将信息技术重新定义为大数据 2.0。这有可能正是我们前进的方向，因为如果回头看看我们对大数据的定义：大量多种来源的数字数据被捕获和出售，大数据工具和技术帮助存储、检索以及分析这些数据以获得更深刻的洞察。这个概念确实把大数据置于数字经济和未来信息技术平台的核心。

但是，大数据不只是科技。不说别的，就单单公众接受在未经同意或给予补偿的情况下就可以捕获和售卖个人数据，这或许标志着一种文化上的革命。即使大数据只是发展中的一步，那它也是十分重要的一步。因为所有的商业活动参与者都像是一段段波纹被卷入了这个涡流，无人幸免。对于所有企业领导人来说，这种革命性科技的诱惑是难以抗拒的。因为这意味着有保障的销售额：每一个零售商都被告知可以通过销售数据来获得丰厚的利润，还能通过分析这些数据来制作独一无二的广告来成功吸引他们的目标消费者。利用大数据，医生可以帮助病人，警察可以抓捕罪犯，保险公司可以革新他们的承保和精算业务，银行家们可以通过先进的算法和电算交易来更好地了解市场和他们的客户并获得巨大财富。

最重要的是，大数据意味着大财富。这个领域中涌现出创历史纪录的技术股估值，大型收购以及利润丰厚无比的公开发行股票掀起了大西洋沿岸和亚洲的数字科技股热潮。无论是用哪一种评估方式，IPO 估值也好，投资者资金也好，兼并收购活动也好，大数据领域都是个金矿。由于大数据的范畴比较模糊，其市场估值也千差万别。不过按照最狭义的定义来说，Wikibon 预测仅就美国的纯粹大数据供应商（包括大数据相关收入达到或超过总营收一半以上的独立硬件、软件或服务提供商）估值就将从 2013 年的 180 亿美元跃升到 2016 年的 500 亿美元（如图 1–5 所示）。

IDC 预测大数据市场的增长速度将比整体 IT 市场快 6 倍。

图 1-5　大数据市场的整体增长

数据来源：Wikibon

但如果我们以更广义的角度来解读大数据市场，其中包括全球科技企业、媒体以及电信企业（在接下来的章节中，我们将看到的是迅速变成一个依赖于数字数据和互联网的统一的行业），那将会看到一个增长更为迅猛的数字。因为行业巨头高调购买未来至关重要的数字科技产品，大数据相关的并购在 2014 年的第一个季度中创下了 540 亿美元的交易纪录。如果我们把媒体以及电信方面的并购活动算在一起，这个数字在短短一个季度里就会达到惊人的 1740 亿美元。

无边的大数据

综上所述，大数据就是从多种新来源获得的海量数据。它与商业智能、分析、储存容量和新型搜索能力息息相关。不过，它不仅如此。从本书中我们能发现，大数据是一柄双刃剑，既有利又有弊。大数据是持续创新的一部分，但它似乎带来了一场跨越红线的革命。大数据为我们带来关于学术研究、医药和用户购买模式方面无与伦比的全新洞见，但与此同时它又威胁着人类一直崇尚的个人自由。它能大幅提升供应链效率，却也给公司IT部门带来巨大的安全风险。它可能是物联网的基础，但安全漏洞和数据泄露能够给企业带来巨大的经济损失并且损害到上千万消费者的个人数据。

最后，也许过于精准的定义会一直迷惑我们。毕竟当企业资源规划系统出现后，也在逐渐演变：添加不同功能与相关模块，改变早期的重点，整合并开发新产品。同样的，我们现在是否能够在精准定义范围内描述目前发生了什么并不重要。如果我们认识到大数据对不同的人和事物来说意味着不同的东西，并紧扣我们之前讨论过的四大优势，那么有一件事我们能够肯定地说，大数据现象在它的领域里是一件影响深远的大事。

无论我们把这现象叫作大数据，还是数字革命，大数据化或是数字工业结合体，它始终围绕着数字数据：数据的产生、捕获、存储、检索以及解读，再到从中盈利。无论它是革命性的抑或只是一种科技演进，在可预见的未来，大数据仍然会是经济界关注的重点。少数互联网和零售玩家将刮起一阵旋风，而无数小公司会像工蜂簇拥着蜂后一样紧紧围绕它们。无论在商业领域还是在社会当中，终会有人赢得风光，有人输得彻底。

这就是为什么那些既没有Facebook账户，也从来没有计划过使用Hadoop，或者从来不关心云计算是什么的人却也想了解下大数据到底是什么以及它的来龙去脉。对于那些大数据业内人士，或者是想要进入大数据这个行业，又或者是感到担心却又不怎么了解它的人，接下来的章节将会帮助他们详细了解什么是大数据，谁最想要利用它，以及它将如何改变我们所有人的生活。毫无疑问，大数据化和数据驱动创新时代的到来（当然也就意味着我们对数据的无比依赖），意味着我们的孩子将会生活在一个截然不同的世界。

第 2 章

控制消费者互联网的大数据之战

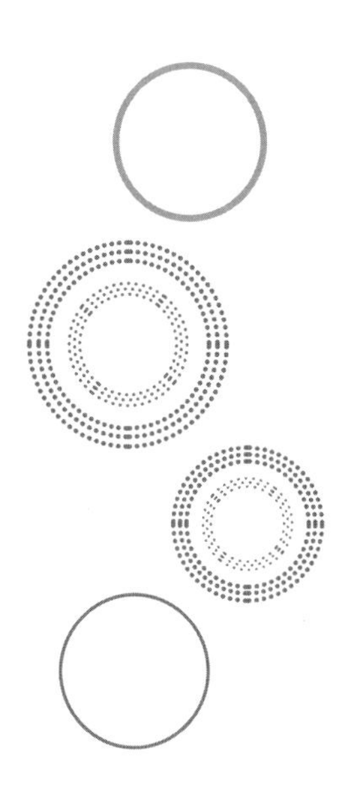

- 个人电脑和手机的发展使得科技更加大众化，也使得信息技术投资的重点和主动权从商家转到了消费者这一边。
- 消费需求催生了互联网的快速扩张以及数据获取和存储的极大进步。
- 一批能够迎合消费市场，尤其是获取并掌握了大量消费者数据的互联网公司，开始在世界市场备受重视。
- 现金充足的互联网技术公司现在开始尽可能多地争夺更多互联网渠道，从搜索、即时消息到流媒体、电视和云存储。
- 这些公司的商业模式依赖于他们和用户签订的“浮士德协议”：通过提供免费服务换取用户的个人信息。

让我们来想想20世纪90年代早期世界是什么样子的。在那时候，信息技术市场依然独占商业鳌头，IBM在大型机市场的竞争对手还不多，ICL、Amdahl和Olivetti，这些对于“蓝色巨头”IBM来说，多是些规模颇小、国有资本支持的竞争对手。信息技术世界主要由大型机和批处理工作构成，这些公司正勉强开始朝分布式计算迈进。更重要的是，数据管理（涉及数字数据）依然被垄断在大的软件或者硬件商手中。甚至在20世纪90年代早期，世界上多数个人电脑的拥有者和使用主体还都是公司。尽管当时多数计算都涉及大公司业务和大型主机电脑，但数据存储和记忆规模相比现在都非常小，几乎都存储在磁盘上。在1986年，99%的数据存储形式都是模拟的。四年之后，全球信息中，只有3%的存储形式是刚兴起的数字技术，比如光盘或者硬盘。

1990年是蒂姆·伯纳斯·李（Tim Berners-Lee）发明他称作的超文本网络系统或者说万维网的元年。当时网络还是为政府或者学术机构开发，在第二年大众才接触到；受限于56KB/s的拨号连接系统、缺失的网络和有限的带宽，新型网络的采用则又经过了几年。苹果公司已经开始生产个人电脑了，但是没有人能够想到iPod的出现，更别说iPad或者智能手机了。谷歌还要再等几年才被注册成为域名。没有人想象过类似Facebook或者Twitter（那时，马克·扎克伯格刚刚6岁）的技术。甚至到2000年，对于多数人来说，互联网世界仍然是个繁荣的未知世界。关于互联网革命的讨论在那时也还集中在我们如何从Web.1（静态网页）过渡至Web.2（互动网页）。

在20世纪90年代早期的消费媒介领域，我们还在使用盒式录音磁带，用VHS格式的VCR来看电影。几乎没有人使用手机，使用手机的人还需要随身携带沉重的电池包。这样的电话一般出自有创造力的北欧国家，它们使用很笨重的模拟技术的第一代（1G）系统。

权及民众：科技的民主化

到了 2000 年，个人电脑的急速发展和苹果公司、戴尔、惠普、康柏和宏碁的兴起，让我们开始见证数字技术的迅速商业化，同时，非商业化的个人用户（在自己家）开始掌控自身的数字数据的产生和所有权。信息技术开始从商业用户世界，向以惠及私人用户的“个人机器”技术为特点的个人用户世界转变。几年后，家庭个人电脑、音乐 CD 以及数码相机的整体出现替代了之前使用软性磁盘的家用数码存储，并将家庭存储带入了更加先进的 31/2 英寸磁盘（高达 20MB 的存储量）存储时代。而这些又迅速让位于 DVD、硬盘、闪存盘和压缩驱动器，以及可以捕获和存储个人数字数据的记忆卡，这样的记忆卡存储的数据数量在几年前还是不可思议的。截至 2002 年，受到非商业化用户产生的数字数据驱动，数字存储第一次超越了模拟数据存储。

当时间推进至 2015 年，世界已今非昔比。高性能光纤电缆、路由器以及数据中心，使互联网扩展成为令人瞩目的全球、公共以及私用网络结成的今日互联网形态。此刻，全球有 30 亿人在使用互联网，超过 70 亿人使用手机。Facebook 自称有 12 亿全球用户。尽管信息技术和互联网是今天多数企业的核心特征，2015 年与信息技术、移动、电信和大数据相关的产品和服务的巨大市场不仅仅和企业有关，也与消费者息息相关：无论老人或年轻人、已婚或单身、富裕或贫穷、城市或乡镇，他们遍布全球，不管是网上冲浪，还是看流媒体电视节目、电影或视频、玩游戏、发邮件、发短信，或者发照片和网上购物。所有这些功能，已经可以在一个移动设备上完成，比如平板电脑或者智能手机。这已然不同于 1990 年或者 2000 年的模式，甚至不同于 2010 年的模式。如果存储技术按照目前的速度发展，2050 年的一张微型存储卡就可以存储三倍于整个人类大脑存储量的数据。

当年占统治地位的信息技术生产商中，相对其他主机制造商来说，只有 IBM 无懈可击，已经成长为一家专注分析、云应用与存储（以支持用户大数据）的全球化服务公司。IBM，这个曾经因其庞大的规模和影响力而被担心的庞然大物，如今在某种程度上和其他信息技术商业公司和软件商一样，只是大潮中的一名参与者，重要且有支持作用，但是在规模空前的互联网用户市场上仍需追随主要的互联网技术公司。即使是戴尔或者惠普这样曾经叱咤用户界面入口的个人电脑制造商，也无法成为用户互联网市场的主导者。原因是其基于的消费者互联网和数据从根本上不再是非常复杂的技术，不管是硬件、软件或者网络（新的非关系型数据库、Hadoop 技术以及云计算都可适用于商店级计算机）。并且，正如我们所见，互联网和个人电脑的直接关系越来越弱。这些集团已经错过了消费者互联网方面的列车，把更多的精力集中在工业互联网上，只通过物联网偶尔与用户数据世界稍有交集（以上两点我们在接下来的章节会被更多谈及）。

想要与 Facebook 和 Twitter 这样 IPO 达亿万级别的巨头为列，公司需要通过独有的方式把控用户端的大数据。这几乎是目前所有商业动力所在，也同样是大的传统硬件软件服务商难以调整船头进入主流市场的原因。对多数公司来说，他们能够祈祷获得的最好结果是能够为用户数字数据的存储和分析提供必要工具。从某种程度来说，曾经的 IT 巨头已经开始衰落。

这也在很大程度上解释了为什么当媒体、政治家、商人、华尔街投资人和风险投资人谈论大数据的时候，他们所谈论的是消费者大数据，而不是业务大数据（当然也不是商业大数据、科学大数据、金融大数据或者工程大数据）。他们谈论的是一组相对较新的强大的公司，他们正迎合着消费者数字数据浪潮不断增长。

互联网技术巨头的出现

如果大数据技术和消费者互联网不再属于 IBM、SAP 或 Oracle，那么它们属于谁呢？今天，控制消费者互联网的主要竞争者是一批有创新力、受大众欢迎、运营良好的公司，它们的名字我们早已熟知（如图 2–2 所示）。

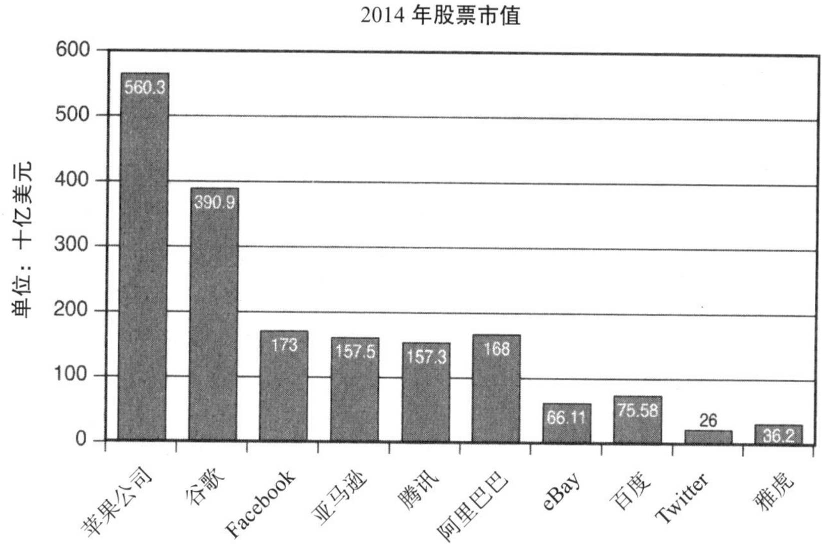

图 2–2　最大的互联网科技公司的股票市值

数据来源：彭博（Bloomberg）和雅虎财经（Yahoo Finance）

- 亚马逊拥有 2.15 亿活跃用户，每年销售增长率达 20%，已经成为了全球最大的在线零售商。亚马逊还在生产包括 Kindle 电子书和 Kindle Fire 平板电脑这样的移动设备，生产自己的视频内容，以及通过其“登录支付系统”和“Simple Pay”（一款类似 PayPal 的支付服务）提供在线支付服务，帮助客户使用亚马逊账户平台为其在其他网站的购买进行支付。它们和奈飞公司及 Hulu① 在视频流上达成了协作，这一协作基于亚马逊金牌会员服务（Amazon Prime）和 Fire 电视（Fire TV），一款 Android 版的即时视频流和游戏机顶盒。亚马逊近期宣布发布一款定制的 Android 操作系统的智能手机。2013 年，这些多样化的产品为亚马逊贡献了 500 多亿美元的营收。亚马逊还是世界上最大的

① 美国的一个视频网站。——译者注

云计算基础设施持有者，亚马逊网络服务在去年的营收有 18 亿美元，根据高德纳咨询公司的报告，这是其他 14 家云计算公司（包括 IBM）全部营收总和的 5 倍。亚马逊的网络服务（云服务）用户包括奈飞公司、荷兰皇家壳牌集团和美国中央情报局（CIA）。亚马逊在 2014 年的身家估价约为 1500 亿美元。

- 苹果公司在 2014 年身家已经超过 5000 亿美元，跻身全球最有价值（股票市值）的公司，其重要产品包括个人电脑及其 OSX 操作系统，iPad（平板电脑）和 iPhone，及其广为流行的移动操作系统 iOS。苹果还拥有便携电子音乐播放器 iPod，其与苹果 iTunes 商店相连接，用户可以在 iTunes 商店下载电子音乐和视频，在 Mac 的应用商店则可以买到软件、应用和外部设备。苹果公司的产品还包括苹果电视，一个下载 iTunes 的机顶盒和 iWatch，以及它们期待已久但仍然不可知的可穿戴式电脑。苹果公司 iPhone 的指纹传感器系统 Touch ID 打开了自己的在线购买平台市场。苹果公司还有自己的云存储服务 iCloud，允许所有苹果产品在没有计算机的情况下也能进行在线管理，还可以提供文档、音乐、电影、电视节目或书籍的云存储服务。苹果公司最近还宣布打算通过其家庭自动化生态系统产品进军家庭物联网。
- 靠着谷歌搜索和谷歌 Chome 浏览器稳居搜索引擎支配地位和数字广告第一位，谷歌股票市值约 4000 亿美元。谷歌的产品包括广为使用的 Gmail、Google+、一款主要新闻筛选工具、旅行计划表、谷歌地图、交通和地点定位工具、线上购物、社交网络、视频和照片分享、YouTube 和一个即时消息系统。谷歌还和三星合作生产 Galaxy 手机和平板电脑。在家用电器中，谷歌有自己的电视机顶盒，并且在谷歌光纤上大力投入，谷歌光纤是谷歌自己的光纤服务，计划在 34 个美国城市安装使用。其在卫星和风力发电厂也有投资，并且拥有一些无人机设计和生产公司、Nest 家用控制系统、6 个大型数据中心以及世界第二大的云计算服务。
- 拥有 17.5 亿美元的股票市值，凭借其大规模用户基础、充足的现金流和在这些重要因素基础上创建用户互联网平台的野心，Facebook 在消费者互联网竞争中脱颖而出。Facebook 拥有自己的社交网络，在全球有超过 12.8 亿用户，并且它还在向移动端转移：在 Android 和 iOS 应用商店都努力激活自己的桌面应用，在应用程序（App）上则链接了多种音乐和视频下载功能。Facebook 还开展了不少新的业务分支，包括其最新宣布的新业务 Graph Search 和自己的一项基于云的支付系统、一个强大的多功能电子广告交换服务 Facebook Audience Network 和 Instagram 合作的颇为流行的移动照片分享架构，以及全球即时通信系统 WhatsApp。

- 微软拥有全球处于支配地位的 Windows 软件，2014 年 7 月，在收购诺基亚进而进军全球移动硬件市场后，微软宣布了将移动端和个人电脑操作系统结合起来的计划。微软的产品还包括必应（Bing）搜索引擎（同时也支持雅虎搜索）、云分析存储平台 Azure、Skype、社交网络平台 Yammer，还有 MSNBC（微软全国广播公司节目）有线新闻频道 18% 的股权。
- 相对其他大集团，Twitter 算是一个“新人”，目前股票市值因为剧烈波动，估价在 2.5 亿到 7 亿美元之间浮动。Twitter 宣称目前全球用户数超过 2.5 亿。其已经开始通过广告交易商 MoPub 向移动广告进军，并且开展了视频分享功能的实验。
- 拥有超过 2.7 亿用户的雅虎仍然是消费者互联网巨头。这家公司花了一段时间才意识到不能单靠一个新的娱乐网页入口来吸引新的用户，所以花了 2 亿美元投资了近 20 家新公司，包括花费 11 亿美元收购博客互联网 Tumblr。不同于谷歌、Facebook、亚马逊或者苹果公司，雅虎没有建立自己的移动终端或者通过控制移动终端的操作系统。但是，雅虎还是研发了一款自己的互联网广告销售系统（被称作 Panama），并且提供了一系列的线上购物服务，比如雅虎购物（Yahoo Shopping）和雅虎旅行（Yahoo Travel），在全球拥有一批忠诚用户和不错的曝光度。

然而，将这一切看作一种纯粹的“西方”现象也是不对的：掌控消费者互联网的挑战不仅仅来自硅谷，还有印度的 IndiaMART 和韩国的 ECPlaza 。

淘宝是一家亿万用户级别类似 eBay 的在线购物网站，使用阿里支付为其提供支付服务。来自中国的阿里巴巴在 2012 年销售额达到 1700 亿美元，成为了亚马逊和谷歌的强劲对手。（新浪）微博提供类似 Twitter 的服务，于 2014 年正式登陆纳斯达克。百度是一家中文搜索引擎和百科全书，也提供视频音乐和多媒体文件，并且在向移动端搜索迅速迈进。腾讯是中国一家大规模投资公司，提供包括在线购物、游戏、即时消息等各种服务。这家公司市值 1570 亿美元（写作本书时），超过麦当劳、波音公司和思科公司。

这些公司正在占领金融和商业媒体的每日头条，花费大量投资收购最重要的科技，来保持自己掌控（至少是管理）来自和流入互联网消费者数据的能力。

DIGITAL EXHAUST

阿里巴巴和腾讯

阿里巴巴集团是中国最大的在线企业集团，集合了众多和西方互联网巨头类似的要素：拥有互联网基础新闻和信息入口、一个在线购物搜索引擎、可以匹敌亚马逊和 eBay 的消费者在线购物网站（淘宝和天猫），以及一个大规模的 B2B 交易平台（Alibaba.com）来帮助中国企业与海外用户交易。阿里巴巴集团还拥有阿里支付这样一个在线支付系统，并且近期开始提供各种云计算服务。

腾讯是阿里巴巴在中国的主要竞争对手，拥有广泛的互联网服务，包括互联网和手机服务，即时消息（腾讯 QQ）和移动聊天服务（微信），已经有 3.55 亿用户，其中 1 亿为海外用户（写作本书时）。腾讯还拥有社交网络网站（2012 年盈利 20 亿美元，超过 Facebook）、门户网站、在线购物平台、有竞争力的在线游戏公司以及基于云的存储设施。

腾讯在香港上市，阿里巴巴在纽约上市。

对消费者互联网的控制之争

模式可能已经显而易见。之前罗列的每个公司，从 Facebook 到苹果等多种多样的公司，都在寻求通过一套强大的产品组合来获取互联网的入口，而其主要依靠的平台包括以下几项或者全部内容：

- 通过收集用户数据和销售电子广告为支撑的有吸引力的核心功能；
- 专注于移动设备，包括移动硬件，如果可能，还包括与移动操作系统的密切联系或所有权；
- 即时消息的能力；
- 提供社交媒介；
- 众多应用程序以及与其他主要操作系统（比如 iOS，Android）相比有竞争力的设置；
- 定位、地图和 GPS 服务；
- 与自身平台整合在一起的在线购物；
- 中介电视（在消费者和互联网服务提供商或有线 / 卫星公司之间）将电视、流媒体和其他内容重新定向到自己的家庭服务平台；
- 一些集成的在线支付（比如手机钱包）；
- 基于大规模云服务平台的外包存储和软件；

这些全面的方法，拥有或者控制尽可能多的关键领域产出，不仅驱动了这些公司的核心业务，还使得其从各种渠道获取了尽可能多的用户数据。成为用户和互联网之间的接口让这些公司可以掌控我们生活的重要入口：电信、媒体（书、音乐、电视、游戏）、互联网搜索、在线购物、银行和数据存储。我们需要从寻找和探索这些互联网科技公司正在从事的一切，进而了解为什么大数据这个话题和运动如此强大，因为这些公司正在从事的工作不仅会使得投资者兴奋起来，更让自由主义者们恐慌，这些产生巨大影响力的几家公司很快将占领我们的日常生活。

用户数据和浮士德式交易

尽管这些有影响力的新互联网科技公司在针对在线消费者服务进行竞争，他们的出发点却大有不同：从互联网搜索到智能手机，从在线图书销售到提供社交媒体和聊天应用。几年前，并非很多人能够意识到苹果公司、微软、谷歌和 Facebook 会在同样的市场竞争以控制消费者互联网的网关。那到底是什么使得这些网络科技公司从其他有影响力的公司中脱颖而出呢?

答案显而易见，是他们对于大规模个人消费者数据的获取能力，以及通过收集和分析这些个人数据兜售自己的产品和服务（如苹果公司和亚马逊），或者提供定向广告投放（所有其他公司）。尽管提供的核心产品有所不同，这种获取和使用消费者数据的能力为它们提供了一种不同于之前财富百强公司（如 IBM、SAP 公司、美国通用电气公司和宝洁等）的商业模式。简单来说，这些互联网科技公司，不管自己是做什么的，都在收集消费者大数据。

和科技公司分享我们的个人信息，甚至是非常私密的信息，这在 20 年前多数人应该都无法想象。那么，有什么交易呢?

这事实上是种交易：浮士德式交易。自从我们第一次惊叹于谷歌或者雅虎的免费搜索服务，我们就一直和这种交易共存。简单来说，这些公司提供免费的服务，作为交换，用户自愿交出个人信息并接受广告，从某种程度上可以说是它们为你提供它们拥有的（服务和内容），前提是我们给它们我们所有的（个人信息）的交易，这一交易也是 Facebook、雅虎、Twitter、谷歌搜索地球和地图、Gmail、YouTube 以及其他互联网提供免费服务的商业模式基础。

DIGITAL EXHAUST

浮士德式交易

浮士德与魔鬼的交易故事可以追溯到中世纪时代，但在很多不同的文学作品中都有所体现，比如克里斯托弗·马洛（Christopher Marlowe）和约翰·沃尔夫冈·冯·歌德（Johann Wolfgang von Goethe）的作品。在这些神话中，浮士德和魔鬼达成了一份协议，他愿意将灵魂割舍给魔鬼墨菲斯特以换取财富、权力或者其他形式的恶魔的支持。现在，浮士德式交易则意味着一份你所同意的交易，为了获取眼前利益而不顾潜在损失或者长期后果。

在这样的交易中，公司提供的服务（搜索或者邮件）或者内容（短视频、新闻链接、股价等）实际上是引诱用户允许其监控在线活动、了解其喜好、获取其观点并且向其发送定向广告的诱饵。这种交易是这些公司商业模式的基础，也是这些服务免费的原因。尽管多数互联网公司在其获取消费者信息上讳莫如深，但大部分情况下，他们还是会在自己的用户条款中将这一点表达出来（尽管有时候表达得不那么明确）。

只要被获取的数据无法具体定位到我们每一个人，那么这种浮士德式交易似乎是可以接受的。从这一点来看，对我们既是好消息也是坏消息，因为这些公司以两种形式收集个人信息：匿名数据和个人身份（PI）数据。

匿名数据

关于我们日常生活的大部分数据在被收集的时候都是匿名的，即没有识别个人身份信息的数据。只要我们没有登录特定服务器，比如使用谷歌搜索、必应或者雅虎，只能反映出某个人在某个特定的IP地址搜索了这些网站或者对某个特殊的广告感兴趣。这些对于公司来说依然是很有用的信息，因为他们可以使用大数据分析并且为自己或者感兴趣的第三方或者广告商提供精确的趋势，尽管他们不知道具体是谁在使用这些在线搜索或者谁看了某个特定视频。

但是广告商通常还需要更详细的基于个人的信息：年龄、性别、收入、好恶。某些信息（使用计算机分析）可以通过其他数据和你的 IP 地址推断出来。例如，如果一个 IP 地址重复购买女性服装，至少这台电脑的其中一个用户有很大可能会是女性。但是这样的推论不一定都是准确的。从匿名 IP 地址搜集信息有些用途，但是将这些数据和明确的姓名对应起来能够提供更加丰厚的回报。

DIGITAL EXHAUST

什么是 IP 地址

通过互联网通信的每台计算机和移动设备使用被称为 TCP / IP（传输控制协议 / 互联网协议）的通信协议，并且被分配有称为互联网的数字标签（由点分开的四组数字：123.45.67.890）协议地址（IP 地址），为网络提供设备的唯一身份和位置。该 IP 地址可以是动态的（每次登录到站点时更改），也可以是静态的（在注册时永久分配给用户等）。除非用户需要登录或注册，否则 IP 地址通常不包含任何个人身份信息（PII），但有时可用于推断用户的身份。

没有人比投资者更重视这一点，他们渴望为多年的耐心获得更高的回报，他们越来越多地对互联网技术公司（如 Facebook 和 Twitter）施加压力，以证明他们作为浮士德式交易中的一方将获利。他们知道，针对个人信息收集的数据越多，该信息对更广泛的品牌和广告客户的价值就越高。这些定位广告的溢价很高：2013 年，匿名的、未定位的在线广告平均支付 1.98 美元 / 千人；一个定向广告（收件人已通过个人资料知道）支付 4.12 美元 / 千人。这意味着一个互联网科技公司，如 Facebook、谷歌或雅虎，如果他们可以收集个人消费者的可识别信息，就可以获得两倍的数字广告收入。这是一个相当大的激励。

个人身份数据

基于以上原因，谷歌、Facebook 或者雅虎的真正价值在于可归因的个人信息（能够直接与消费者个人信息连接并且反映消费者搜索过的相关网站或者感兴趣的相关广告）。了解消费者信息最好的方式是直接询问，这也是多数互联网集团已经开始为其多数服务（尤其是使用手机或者邮箱账号）设置强制登录系统的原因，一旦用户为了某项服务（如 Gmail、应用程序或者 Facebook 页面）完成注册，用户的线上活动从此便可以和个人信息对应上了。这也是公司（和投资者）认为大数据有价值的原因，将复杂的分析和个人信息联系起来（尤其是经过这些年的积累），他们相信可以详细预测消费者接下来会对什么感兴趣或者想买什么。用户信息越全面，他们就越能为定向广告收费。

即使在不远的过去，这种程度的全面数据收集也是困难的，因为大多数互联网公司只拥有一个或两个数据渠道：即时消息和聊天、搜索和电子邮件等，因此只能整合一个特定用户的有限数量的数据。但是，通过将其产品扩展到需要注册的各种服务（从视频流到即时消息），这些公司现在正在捕获日益丰富的个人数据。这就是为什么这个集团中规模最大、最成功的公司正在整合之前的全套服务，以及为什么在 2014 年第一季度，技术、媒体和电信（TMT）部门占了近三分之一（约 1700 亿美元）的所有在美国的合并和收购活动。

What Everyone Should Know About Big Data,
Digitization, and Digitally Driven Innovation

第 3 章

电视互联网网关之争

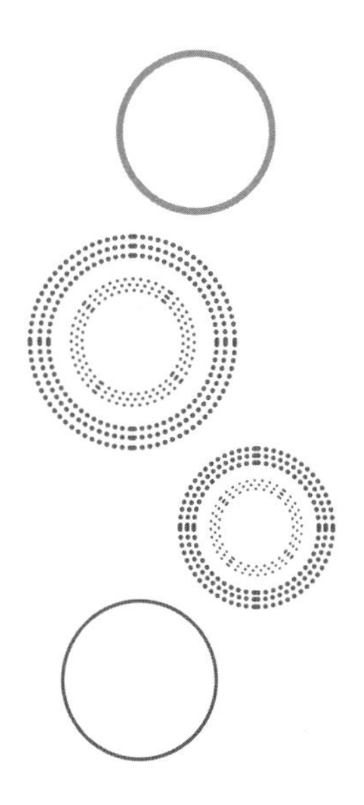

- 数字数据的巨大增长大多数来自在线音乐、视频和游戏，人们越来越希望能通过家中的电视连接到互联网。
- 互联网科技公司希望进入家用电视的在线市场。
- 美国的传统有线 / 卫星互联网服务提供商（ISP）已经用捆绑服务，试图保护他们的电话服务、宽带和付费电视产品。
- 这导致了互联网服务提供商和主要互联网技术公司之间的争斗，为互联网网关对在线电视的统治而争斗。
- 这两个群体都在监测并收集观众数据并提供定向广告。

当 1996 年我在编辑《知识经济》(*The Knowledge Economy*) 一书的时候，我和其他许多人设想电视作为每个家庭的数据中心，通过强大的新光纤电缆接入互联网。尽管电视本身从未变成电脑，我们认为它们会（虽然很可能下一代电视将永远包含互联网连接功能），光纤（至少在美国）并不像我们想象的那么普遍。电视 / 电话电缆仍然是向大多数家庭提供互联网宽带最有效的方式。

至少在美国，宽带互联网服务是为互联网服务提供商保留的。电缆或数字用户线路（DSL）提供商几乎总是想把一些包括电话、互联网和付费电视的捆绑服务出售给它的客户。

由于数据的使用相对较少，电话呼叫已经成为一种几乎是交易附带的商品，随着宽带接入的扩展，越来越多的收入已经与数字节目流和互联网服务相关联。

起初，互联网服务很难被推销出去，因为许多年来，互联网的传送内容和传输质量和卫星 / 有线电视甚至广播模拟电视相比都是二流的。即使到 2010 年，更大型的技术、媒体和电信讨论的有关有线电视和电话的情形也要比宽带、流媒体游戏和媒体多。但是随着消费者变得越来越习惯通过互联网获得视频和音乐（首先在他们的个人电脑上，然后在他们的移动设备上），他们开始期待在更宽大的屏幕上接收相同的服务，他们希望能满足玩游戏或看电视节目和电影的需求，并且憧憬通过移动设备选择任何他们想做或看的事情。

尼尔森[①]的最近一项调查发现，美国成年人一周看电视超过 33 小时（儿童大约每周 24 小时）。每一天，一个成年人平均在家里花一小时上网、一小时零七分钟用在他们的智能手机上、近三小时用于听收音机。成年人不仅花

① 全球著名的市场研究公司。——译者注

费更多的时间在互联网和智能手机上，而且他们越来越多地选择基于互联网的流媒体服务，如 YouTube 和 Hulu，而不去观看有线电视或卫星提供的电视节目（如图 3–1 所示）。例如，奈飞公司在 2013 年的 3 个月内就获得了 63 万个订阅用户，越来越多的观众选择了在线节目。

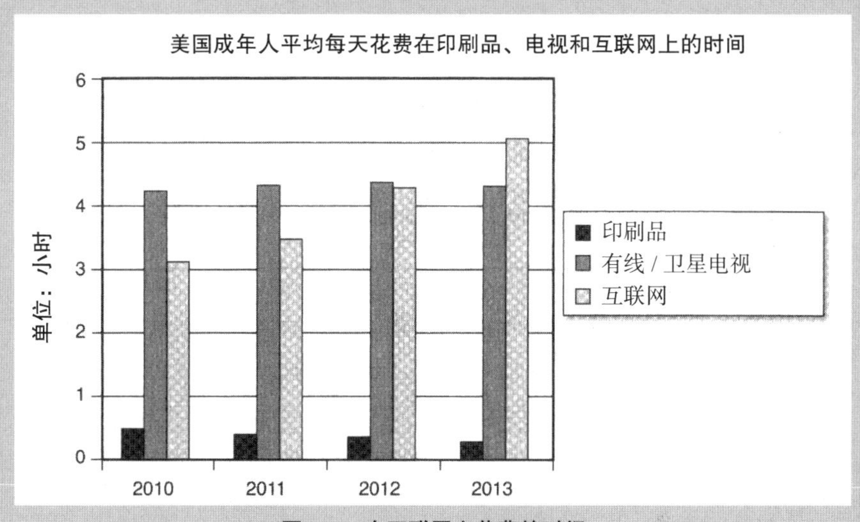

图 3–1　在互联网上花费的时间

数据来源：eMarketer

事实上，在 2011 年有近 100 万的美国家庭放弃了他们的付费电视服务，在 2012 年则超过了 50 万。到 2014 年，美国最大的有线互联网服务供应商康卡斯特公司，其互联网宽带用户首次超过有线电视节目用户。2014 年，美国应该有近 2 亿的数字视频观众（占美国互联网用户的 77.3%）。

一切都转向在线

毋庸置疑，这种在线观看（和听）的戏剧性转变，并没有被传统的有线电视和卫星运营商或互联网科技公司忽视，因为一个观众花在互联网上的每一分钟都是潜在的机会，不仅能针对此人投放广告，还可以借此来收集个人信息。有线电视 / 卫星电视供应商和互联网技术公司都知道控制互联网进入电视的网关提供了一个供数以百万计的客户进出互联网的双向数字通道，这是一个单一的数字管道，谁控制了它谁就可以了解到任一消费者的生活方式和兴趣。这两个群体也知道，未来所有数据的进出都要通过互联网渠道。

这就是为什么几年来，美国的宽带供应商，如康卡斯特、AT&T、Verizon、Sprint、t-mobile 已经“捆绑”他们的产品试图获得更全面地控制各种数字内容进入家庭互联网中的电视、电话、广播和流媒体。这也是为什么 AT&T 在 2014 年以 490 亿美元收购 DirectTV，是康卡斯特支付时代华纳 450 亿美元的依据（以希望保持美国 40% 的高速互联网家庭用户市场）。这些传统的电话和有线电视提供商想控制家庭互联网，因为他们拥有并维护那些电缆，不想交出其近乎垄断的付费电视给互联网技术公司（这些公司可以通过互联网服务供应商的网络提供相同的电视和音乐流媒体内容服务）。

此外，传统的有线和卫星提供商意识到了一个有利可图的商业模式，希望利用他们与观众的密切联系，也试图进入消费者数据收集市场。 康卡斯特最初收集和销售客户数据的努力开始于将新用户的电话号码转给电话销售商，但现在该公司已经于 2014 年在 NBC Universal 公布了其新的 NBCU + ，由康卡斯特提供推动力。这是一个旨在捕获视频消费订阅者观看习惯的平台，并根据匿名数据向他们销售定向广告。康卡斯特直接了解其动机和意图：它将使用从监控这些观看者模式收集的数据，结合从订户的商店忠诚卡和电影票购买中购买的其他数据，以及大型数据整合公司（如 Acxiom 和 Experian，见第 8 章）等持有的数据，进入数字数据收集和用户分析的博弈。

康卡斯特不是互联网服务供应商中唯一开始收集和出售用户数据的。Verizon Wireless 公司表示，它已经开始向广告商出售汇总的用户数据，提供详细的用户人口统计和位置分析以及步行和移动交通习惯（来自用户的移动设备），因此广告商可以判断他们的“目标消费群体生活和工作地点”。AT&T 公司采取相同的策略，出售匿名用户数据，包括用户的网页浏览历史、移动应用程序的使用和位置信息。

尽管如此，大数据并不是这些电信巨头的核心竞争力，他们的重点一直是更多地控制数字数据流进客户家里（并获得支付），而不是收集来自客户的数据。但如果这些在大数据监测上的尝试只是康卡斯特或 Verizon 的不重要部分，那对于谷歌和亚马逊则像是全部。他们有着真正的优势，因为他们与客户有着更亲密的关系并且已经有了长期存在的交易：用户已经允许他们收集了多年的个人资料。谷歌或亚马逊事实上可以跟踪用户订购程序，并对用户可能喜欢的东西给出建议，这也是亚马逊在消费者在线购物时总是在做的事情。通过定向广告将这种安排扩展到家里的行为会很少被注意到。

与世界上其他大多数国家不同的是，在美国电话线或电视电缆竞争进入家庭的机会更少，除非联邦通信委员会（FCC）的规则在未来发生变化，竞争将保持在有线 / 卫星和电话供应商如康卡斯特和 Verizon 等之间。谷歌尝试进军宽带光缆和光纤到住家的服务，谷歌光纤存在于美国各地，但这些努力在地理上是有限的。

除了补救许多有线电视供应商提供的低带宽，像谷歌和亚马逊这样的互联网科技公司真的不需要自己拥有电缆。如果它们能抓住机会并且在进入家庭之后将互联网连接路由重做一下，可以使电视成为虚拟计算机，提供免费互联网服务，只要诱导用户到它们自己的平台上，同时把电视做得比投影屏幕大一点点。如果它们能够说服用户使用自己的手机和平板电脑通过家庭互联网访问它们的电视和视频内容，情况就更是如此。

他们这种在本质上劫持电视节目的努力主要集中于提供各种流媒体电视外设，大多是机顶盒或插件“加密狗”，通过电视屏幕给用户提供对互联网的直接控制。谷歌收购家庭互联网电视市场的努力早在 2010 年就已经开始，通过使用谷歌电视机顶盒，它给用户提供对来自有线 / 卫星盒所有视频源之间的接口。 在 2013 年，谷歌简化了它的方法，推出了其网络到电视流媒体加密狗 Chromecast，这是一个低成本的类似 U 盘的硬件，可以直接插入电视的 HDMI 端口，然后允许用户通过他们的智能手机或平板电脑上的谷歌 Chrome 浏览器将流媒体节目首先投射到电视上。

谷歌还宣布推出 Android 电视，允许用户使用机顶盒或通过移动设备或平板电脑上的 Android 操作系统将视频和直播视频流传输到家庭电视上。YouTube 视频可通过谷歌 Chrome 浏览器和 Android 操作系统在用户的家庭电视上访问。事实上，自 2006 年被谷歌收购，YouTube 是互联网上数据量最大的贡献者，它结合了视频共享和大众媒体互联网门户网站。YouTube 在 18 至 35 岁的人群中比任何有线电视或电视网（根据尼尔森的调查）更受欢迎，拥有每月超过 10 亿的独立用户访问量，每分钟有 100 小时时长的视频上传，现在支持超过 100 万不同的全球范围的广告商使用谷歌自己的广告平台。

苹果公司也希望与他们分享这些家庭的互联网收入和消费者数据。通过 iTunes 在线音乐，苹果已经是占主导地位的供应商，苹果公司提供苹果电视级机顶盒，提供在线内容供应商和用户家中的电视之间的接口，使用户可以收听 iTunes 或观看下载的视频、电视节目和电影。虽然苹果电视在 2013 年苹果公司收入中只有 10 亿美元（约占 1% 的苹果公司总收入），但是它为苹果公司控制更多的互联网媒体内容进入家庭奠定了基础。有人建议苹果公司应快点对奈飞公司出价。雅虎也有类似举动，它最近发布了雅虎智能电视，公开宣传其拥有从用户偏好获取的用于在线电视和视频节目的推荐引擎。

亚马逊也在带着 Fire TV 推进视频流媒体市场，加上在电视机或家用平板电脑上的在线零售能力，亚马逊是唯一可以提供给家庭用户想要的一切服务的公司：在线购物、视频游戏、音乐、电视、电影。亚马逊新的语音识别系统直接关联到用户的联机配置文件，因此用户不必键入任何一个命令。内置在 Fire TV 上的麦克风不仅直接远程记录用户请求，而且记录用户房间内的其他声音，如婴儿哭泣声、播放的音乐或简单的对话。所有的“噪音”被上传到拥有用户配置文件的机顶盒，可以用于情感分析。巧妙的是，Fire TV 机顶盒甚至没有开关，从表面上看，亚马逊可以随时发送更新，不过实际效果是，除非它被拔掉，否则它是用户和其电视之间的主要接口。

如果用户注册成为亚马逊金牌会员，这意味着给节目选择和观看模式提供了直接标识，他们可免费获得在线观看的资格。作为回报，通过 Kindle 阅读器，亚马逊可以监控用户的订单并了解其查看喜好，所以它能以其非常成功的推荐机制提出建议。亚马逊的 ASAP 功能，甚至能预测用户将要观看什么节目，并设置即时流。事实上，亚马逊可能彻底改变“家庭购物频道”的电视销售方式，替代那些可怕又业余的电视购物频道，转变成其系统和家中传感器之间直接联系的销售渠道，预测并形成日常必需品的购物清单发送到当地的商店并直接送货到家。

不只是监控你的电视

互联网看门人真正想要的不仅是监控哪些节目正在被观看，而且要监控正在观看节目的人。

事实上，有几家公司已经对这种更具侵入性的监控进行了深入的研究。例如，Verizon 公司在 2011 年为一个驻留在机顶盒内的系统申请专利，该系统能够使用摄像头和麦克风来监控会话、活动（如吃喝），甚至用户的“情绪”，然后为他们提供有针对性的广告。该系统将检测和解读声音以及房间里的身体动作，然后选择相应的广告。语音识别技术会把说出的词语匹配相关产品，并且（根据该专利申请文件）如果检测设备检测到用户所说的一个或多个字（例如，在同一房间内或在电话上与另一个用户交谈）时，广告功能可以利用这些搜索匹配一个相关的广告。监控系统甚至能够检测到两人“在沙发上拥抱”，然后提供“浪漫的度假广告、避孕广告、花卉广告，包括即将上映的浪漫喜剧电影预告片等”。不管是 Verizon 之前对于正在进行的这些专利做了什么，它们现在已经转给了英特尔的 OnCue 网络电视服务公司（被 Verizon 于 2013 年收购），这包括（至少在英特尔的原型中）集成了一个摄像头的可使用面部识别软件的机顶盒，该软件能够针对观众投放定向广告。Verizon 公司还没有表示是否会在他们的机顶盒上使用摄像头。

这听起来有点可怕，不过想实现监控的不仅仅 Verizon 一家。微软在同一年申请了一个类似的专利系统，可以将其放置在 Kinect 游戏盒内跟踪电视观众的活动，为耐心看完广告的观众提供潜在的奖励，如果太多人走进房间它会提示升级。正如我们所看到的，亚马逊的新 Fire TV 记录通过按下遥控器上的麦克风按钮发出的声音。谷歌电视申请专利使用视频和录音机，以衡量看屏幕的人数，康卡斯特早在 2008 年就获得了类似机顶盒监控技术的专利。

甚至电视制造商也想要分一杯羹。在英国，韩国电视制造商 LG 被发现通过其电视直接监控家庭的电视观看模式，包括独立播放的视频和每一个远程控制选择，收集用户数据并销售定向广告。

甚至社交媒体和即时通信的巨头也在涌入监控市场。Facebook 刚为它的网站买了一个自动识别应用程序，将使用 Android 手机和 iPhone 内置的麦克风在用户背景中识别音乐和电视节目。它与 160 多个美国电视台签署了合同，并声称该系统可以在 15 秒内识别用户背景中的音乐或节目，使得 Facebook 可以将这些信息传递给感兴趣的合作方，并通过这些渠道发送定向广告。

甚至 Twitter 也在以自己的方式进入电视监控领域，它在 2013 年以 1 亿美元收购了蓝鳍实验室，这使得 Twitter 能够在电视节目和广告播放期间扫描 Twitter 和其他社交媒体，并分析它们对产品的兴趣并进行情感分析。它们也可以为广告商提供那些对它们的广告或品牌做出积极反应的人的 Twitter 地址，使它们可以跟进那些用户做进一步的营销。用 Twitter 的话说，这允许“广告商继续他们开始于电视广告的对话”。

第 4 章
移动互联网网关之争

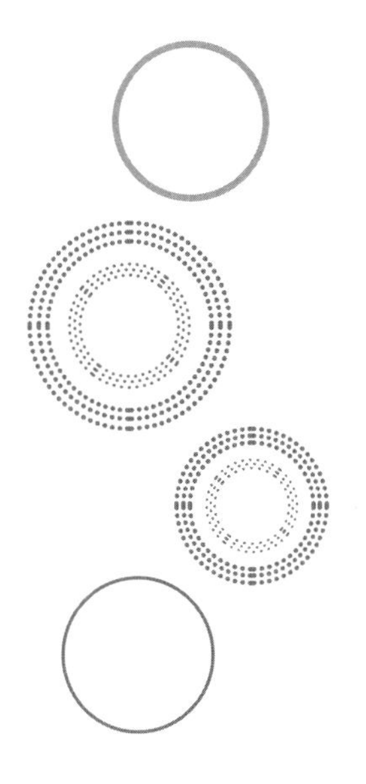

- 在过去的四年中，全世界的手机、智能手机和平板电脑使用量有了惊人的增长。
- 苹果公司的 iOS 和谷歌的 Android 操作系统垄断了移动市场。
- 应用程序（App）的实用性和盈利能力导致了开发的爆发式增长和“应用程序经济”的出现。
- 让手机在线支付变得尽可能简单安全的需求使互联网公司纷纷着手开发移动在线支付系统。
- 随着越来越多的人开始用手机上网，广告商们也开始将重心从印刷品、电视和个人电脑转向了移动设备。
- 为了保持控制和获取尽可能多的广告收入，互联网科技公司也开始建设和收购进入在线广告交易和市场中的渠道。

尽管有这样疯狂的活动，但传统的家用电视从来没有成为上网的主要手段。多年来个人电脑一直是上网的主要手段，但目前全世界已有超过 60 亿的手机用户，不管是在家里还是外面，将来上网主要是通过移动设备比如智能手机或者平板电脑进行。

事实上，智能手机和平板电脑的问世可以说是对“大数据大爆炸”时代的出现做出最大贡献的唯一消费潮流。现在几乎人手一台的移动设备在十年前可能还会被认为是超级计算机，这开辟了可转移移动技术的全球市场，以及开始了制造更快更便宜的处理器和开发更新更流行的应用程序的竞赛。据 IDC 报道，2013 年全球供应商的智能手机出货总量刚过 10 亿。现在光是美国（在很多方面已落后于其他国家）的手机用户已经超过 3 亿。在新西兰，手机的数量已经超过了人口数量。在世界范围内，手机的数量已经超过 60 亿（根据联合国的一项研究，意味着有手机可用的人比有厕所可用的人还要多）。

随着智能手机的功能和灵活性不断增强，它们已经逐渐取代个人电脑成为我们上网的主要工具，并且在 2010 年，全球智能手机和平板电脑的销量首次超过了个人电脑：到 2014 年，全球人口中的 6% 已经拥有平板电脑，20% 拥有个人电脑，22% 拥有智能手机。在世界最大的手机市场——中国，早在 2012 年，移动互联网购物者数量就已超过个人电脑购物者。

所有这些都表明，如果互联网科技公司想控制上网的网关以收集数据以及向用户推广广告，它们就需要尽可能地集成手机技术。

移动电子商务

iPad是史蒂夫·乔布斯的心血结晶，同时苹果公司通过其iOS移动操作系统理所当然地承担了智能手机的主要创新者和控制者的重任。但到了2005年，作为互联网大数据公司的领头羊，谷歌迅速的行动确保了Android操作系统的安全，在其从个人电脑市场成功转向移动市场的过程中，这一举措很快就被证实是极为重要的。到现在为止，这两家科技公司已经垄断了移动操作系统市场。苹果公司的iOS系统和谷歌的Android系统加起来超过了2013年出售的所有智能手机操作系统的90%（如图4-1所示）。

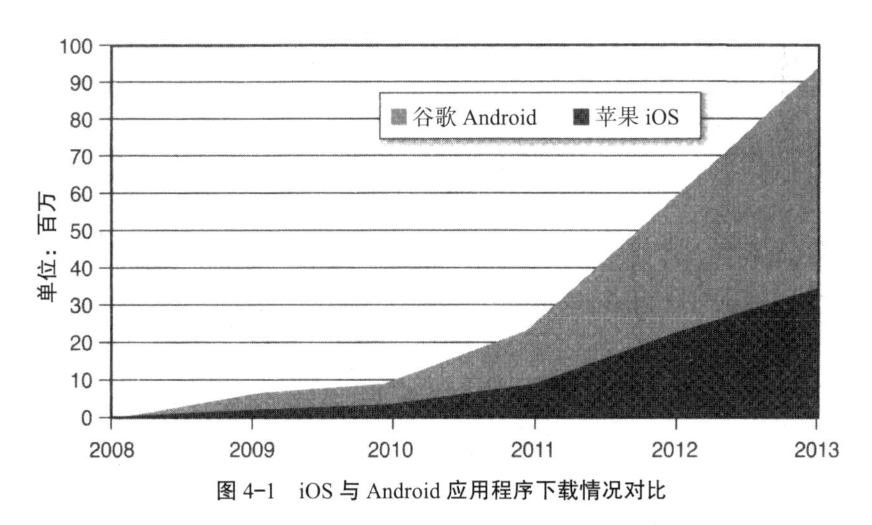

图4-1　iOS与Android应用程序下载情况对比

数据来源：Entropy Economics, App Annie, and Tech-Thoughts

苹果最初被认为是具有iTunes商店接口的移动电脑，iTunes商店可以用来下载数字音乐等，所以iOS系统的早期版本主要关注为iTunes商店的产品和配套销售提供简便快捷的连接。谷歌对Android系统也是雄心勃勃。谷歌能马上看到通过一些在移动设备上使用起来非常方便的服务来控制通往互联网接口的潜力，比如谷歌地图等。

但谷歌真正的洞察力在于广泛发展移动电子商务：通过移动设备进行在线购物，根据弗雷斯特研究公司（Forrester Research）的研究，这部分业务将以每年 30% 的速度增长，2016 年会占整个零售业销售总额的四分之一左右。

在这个领域，谷歌和苹果公司抢得了先机，因为这场全球性的从个人电脑向移动设备的转变最初并不是那么容易，即使如微软和 Facebook 这样的巨头，到目前为止也还没有推出一个移动产品（无论是操作系统还是硬件）。微软没有及时意识到智能手机的崛起，仅仅是通过推出 Surface 平板电脑和并购诺基亚的手机业务姗姗来迟地进入了电子商务领域。微软最近还宣布它的 Windows 系统和 Office 软件现在可以在平板电脑（包括 iPad 在内）或者智能手机上使用了。在经过多年的自我限制和封闭之后，微软终于让自己的产品可以在苹果公司的 iPad 上使用，这一事实足以说明微软对移动市场的重视程度。在追赶谷歌和苹果公司的过程中，微软甚至免费赠送其 Windows 手机软件，希望应用程序开发人员在将来开发软件时也能将这一平台纳入其中。

亚马逊同样也在试图开辟一条专属于它的移动互联网通道，它推出了介于电子阅读器和平板电脑之间的 Kindle Fire，这是一款迷你平板电脑版的电子阅读器。尽管它没有 iPad 和 Galaxy 平板电脑功能强大，但是其更加经济实惠而且可以直接（更有专属性）连接到亚马逊的网上商店。亚马逊在 2014 年 7 月也发布了它自己的智能手机 Amazon Fire，这款手机采用定制的 Android 操作系统。

但是移动电子商务并不只是开始或止步于在一台移动设备上进行网上购物，零售商和银行都清楚，要想让移动电子商务运行起来，他们需要让用户可以很方便地用智能手机进行支付。对于世界上每天发生无数次的针对应用程序和游戏的小额支付来说，这尤其重要。因为这类小额支付的用户大多是十几岁的青少年，而使用信用卡对他们来说是不现实的。

解决方法就是不用信用卡，而是建立一个平台从而把智能手机变成数字钱包，可以下载预付现金数据或者从用户的存款账户中像借记卡一样直接划款。这就是为什么许多最强大的互联网技术公司，如亚马逊、谷歌、Facebook 还有阿里巴巴都在致力于收购或建立可以让用户通过智能手机应用程序来购物的移动支付平台。

这些在线支付系统将运行该系统的公司放到一个独特的位置，使它们可以介入顾客和由银行及信用卡公司组成的正常支付途径，并在交易中扮演一个中间人的角色。这不仅使交易对于顾客来说变得更容易，还导致了所有的交易数据都被网络技术的供应商们直接捕获。

相应的，对于足够大或对互联网足够熟悉的人群，这类在线支付系统已经变得流行起来，使建立平台变得水到渠成。一时间，各种平台开始在各处涌现。苹果公司表示，他们开发触摸 ID 指纹识别系统的部分原因是基于对移动支付的兴趣，而且在 2014 年 9 月，苹果支付宣布上线。亚马逊也在 2014 年推出了自己的产品亚马逊本地注册（Amazon Local Register），这一产品包含一个移动支付应用程序和一种新的读卡器。这款产品可以使小企业通过智能手机、亚马逊 Kindle 或者平板电脑进行支付，与一些离线读卡器平台如 Square、Inuit 的 GoPayment 以及 PayPal 有着直接的竞争。微软宣布了合作伙伴关系，允许其 Surface 平板电脑作为终端销售的解决方案。沃达丰获得了欧洲的电子货币执照，谷歌也已在英国注册取得了发行电子货币的许可，包括通过“谷歌钱包（一款 Android 系统的应用程序）”下载已经预付的储值。Paym 和 Zapp 系统于 2014 年在英国发布，允许用户通过自己的手机号码直接从他们的账户提款。阿里巴巴在中国推出了支付宝，他们希望该产品在美国和欧洲也能使用。腾讯推出了“财付通”，并将其作为微信的一部分。Facebook 也在英国和爱尔兰尝试各种产品，包括可以被存在用户站点的电子货币以及可以通过智能手机进行的在线国际汇款服务。2013 年，Facebook 在超过 20 亿美元的游戏相关交易中充当在线金融渠道，并收取了接近总金额 10% 的手续费。

应用程序经济

接下来，当然是应用程序经济。无论智能手机还是平板电脑，正是因为有了这些应用程序，也就是“App”，才会显得如此用途广泛和魅力十足，对年轻人和老年人都极具吸引力。在很多方面，应用程序可以说是苹果公司的天才创意。正是它们最早意识到这些软件应用会使 iPhone 更受用户欢迎，并同时招揽了众多不结盟的、富有创新精神的开发者们打造了整个智能手机生态系统，包括“killer Apps”（杀手级应用）、网上商店甚至最终的云存储。通常，在硬件或设备应用中心操作系统所有者的协调下（以谷歌为例，一台三星 Galaxy 平板电脑的应用中心由谷歌、三星和 Android 三家发起），某些应用程序是免费发放的，其他的会以很低的价格出售，一般来说收入会在程序开发人员和应用中心的所有者之间分配。

除了娱乐和游戏（也称为“虚拟商品”），这些应用程序提供从银行、会计到影院购票以及航班查询等各种各样的服务。有些还会收集关于用户健康状况的数据（活动水平、血压、体温），甚至提供基于人脸、虹膜或者指纹识别的安全程序。

自 2010 年起，这些应用程序的下载量经历了爆发式增长（根据高德纳咨询公司的估计，2013 年的下载次数已超过 1000 亿）。大多数美国人会在自己的智能手机或是移动设备上下载 30 到 40 个应用程序，因此互联网科技公司都希望在他们的平台上有尽可能多的应用程序，并且越有趣越好（如图 4–2 所示）。

抛开它们的娱乐价值、实用性或是新奇度，这些应用程序可以被看成是收集特定的用户数据并且提供在线定向广告的一种方式。基于这项技术本身固有的 GPS 定位追踪功能，来自这些应用程序或手机的组合数字数据随时都在传递着关于我们是谁、我们在哪以及我们在干什么的信息，包括我们用信用卡或是移动支付系统在网上买了什么。它们还常常从用户的地址簿中上传名字。当然，我们选择和使用什么应用程序也让开发人员和平台的所有者充分了解了我们的兴趣所在。

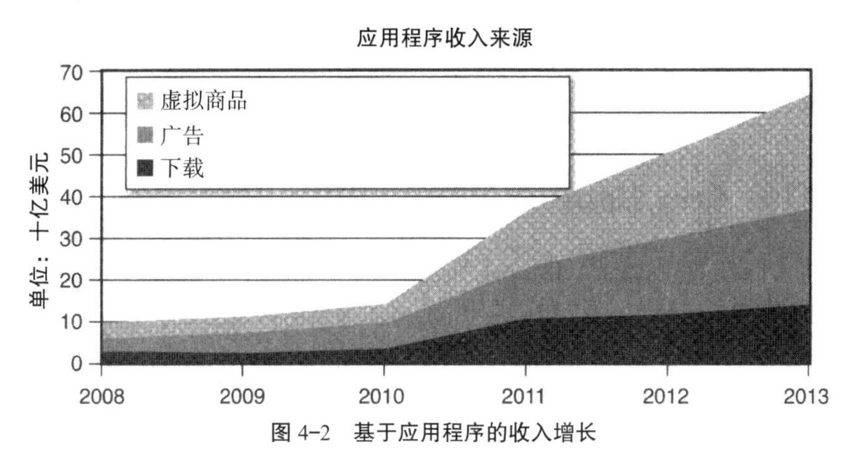

图 4-2 基于应用程序的收入增长

数据来源：Strategy Analytics

应用程序经济已经成为一大产业，在美国移动应用程序开发领域的就业人员目前高达 75 万（比 2013 年增长了 40%）。据 Developer Economics 估计，2013 年全球每八个软件开发者中就有一个参与了智能手机应用程序设计。根据 AppNation 的数据显示，到 2017 年，仅就美国而言，付费应用、应用内广告和应用引起的购买总产值将达到 1510 亿美元。

从“应用人”到“广告人”

虽然应用程序让智能手机对用户颇具吸引力，但广告吸引的却是供应商。随着手机销量的增加，广告经历了一个从传统的印刷广告和个人电脑在线阅读广告到为智能手机和平板电脑开发广告的巨大转变。尤其是涉及有针对性的个性化广告时，移动设备更显示出其革命性，这不仅是因为手机已经非常普遍——在全世界购物者、商人、学生的手上，无时无刻都能看到，更因为它的流动性意味着用户的空闲时间都花在了滚动页面上，这正是针对性广告最需要的。事实上，comScore 的一项最新研究表明，在智能手机和平板电脑上所消耗的时间几乎是每个用户平均过去三年上网时间总和的两倍（如图 4–3 所示）。

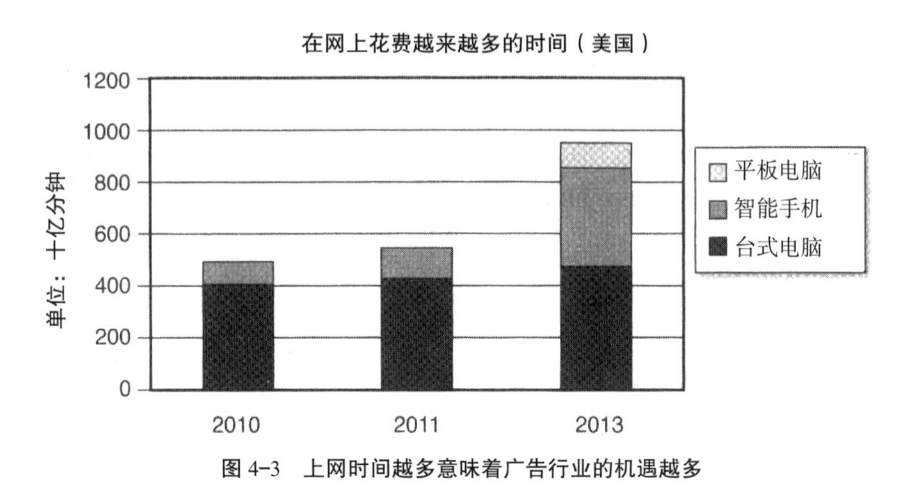

图 4–3　上网时间越多意味着广告行业的机遇越多

数据来源：comScore

并且不像个人电脑和电视，智能手机的天性就决定了它是一种个人设备，几乎总是为一个单一的、可识别的个人所拥有，这一特性为广告商们与客户建立更深的亲密关系提供了绝好的机会。大数据分析和移动广告的结合，奏响了市场营销的新乐章，这意味着广告从此可以与数百万潜在客户进行更亲密的、一对一的互动。

在过去的几年里，大部分数字广告的收入都被谷歌收入囊中，它依靠搜索广告的收入垄断了整个数字广告经济（如图 4–4 所示）。毕竟，这就是谷歌如何从 1998 年一个小小的无足轻重的搜索引擎（当年排名 13）蜕变为当今世界级的超级霸主的原因。雅虎，也拥有类似的商业模式和技术，曾是世界第二大在线广告商，在 2014 年被 Facebook 超越。

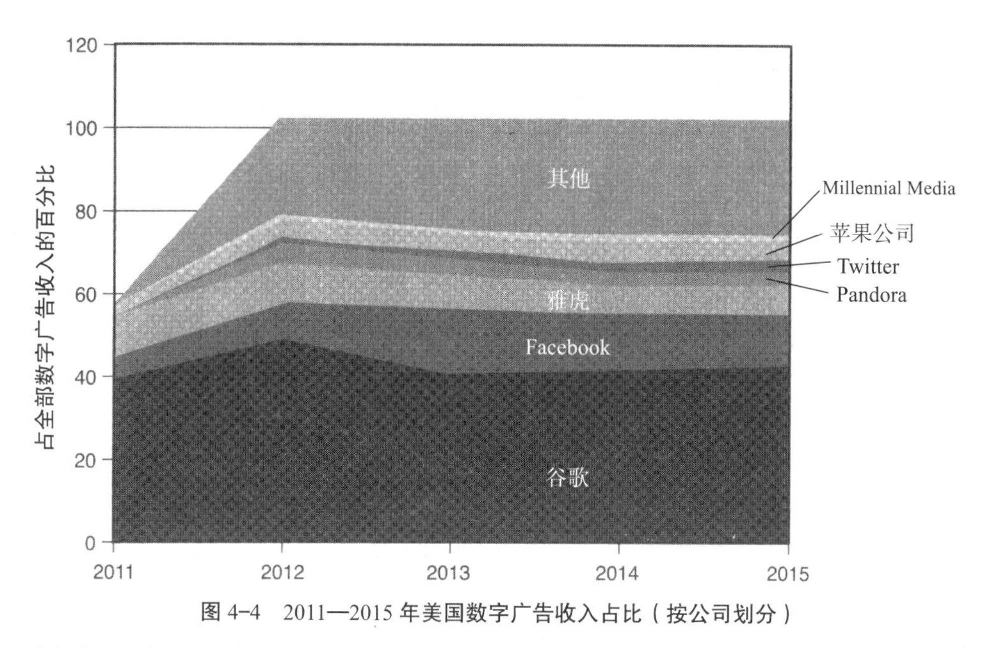

图 4-4　2011—2015 年美国数字广告收入占比（按公司划分）

数据来源：各公司文件 and eMarketer

但即使是这些巨头也不能圈定自己的数字广告市场，这是因为对互联网控制权的竞争来自四面八方。一部分竞争来自在线零售商，比如亚马逊（或者更局限一些，苹果公司），它们对广告的依赖度较低，但是对客户个人数据的兴趣一点也不少。亚马逊有很多机会可以成为互联网网关的垄断者之一：不仅仅是通过它本来的业务，还有它将要通过移动市场打造一个“任何地方、任何时间”的一体化平台。亚马逊刚刚发布了自己的智能手机 Fire，这不仅仅确立了它在互联网基础设施竞争中的重要地位，还为用户带来了预集成的、可以直接连到亚马逊网页的购物应用程序。在 Fire 电视机机顶盒和 Kindle 电子阅读器的基础上，亚马逊还推出了“Amazon Dash”，一款具有和 Fire-TV 相同的语音识别功能的移动条形码扫描技术：移动用户可以通过这项技术直接从亚马逊网站购买商品，包括通过“AmazonFresh”递送服务购买食品，亚马逊公司希望这可以很快成为物联网的一部分（我们会在本章后面部分继续探讨）。

苹果公司也面临同样的境地——是专注于它自己原有的产品还是向更广阔的方向发展，投入数字广告的大潮。它对谷歌的数字广告发起不那么隐晦的战争已经有一段时间了。苹果公司在 2013 年将微软的必应搜索作为其语音激活软件 Siri 的默认搜索引擎，2014 年又宣布它的本地搜索功能“Spotlight”将除去与搜索相关的广告，只提供网页搜索结果，从而减少谷歌的广告收入（尽管谷歌仍然是苹果公司桌面和移动网络浏览器 Safari 的默认搜索引擎）。苹果公司自 2010 年起已经开始使用 iAds 平台，为的是与应用程序开发商进行内部广告交换。公司是否决定走高端路线并寻求额外的手段来超脱于数字广告和用户数据收集的纷争之外仍有待观察（如图 4-5 所示）。

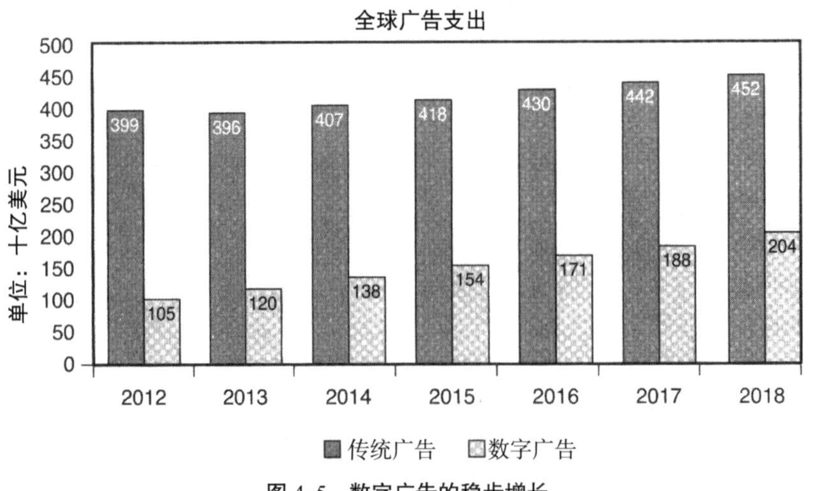

图 4-5　数字广告的稳步增长

数据来源：eMarketer

但数字广告的诱惑是巨大的。根据 Internet Advertising Bureau 和普华永道会计师事务所的报告，互联网广告在 2012 年超越了有线电视广告，并在 2013 年荣登美国广播电视开销榜的榜首（如图 4-6 所示）。这一增长绝大部分得归功于移动广告的大力发展，美国 2013 年移动广告的收入（71 亿美元）比 2012 年（34 亿美元）翻了一番还多。根据高德纳咨询公司的数据，全球移动广告预计要从 2014 年的 180 亿美元在三年之内跃升至 420 亿美元。在英国，移动广告已经比印刷广告和广播广告的收入更高，而根据 eMarketer 的数据，到 2016 年，手机将取代电视成为英国最大的广告渠道。

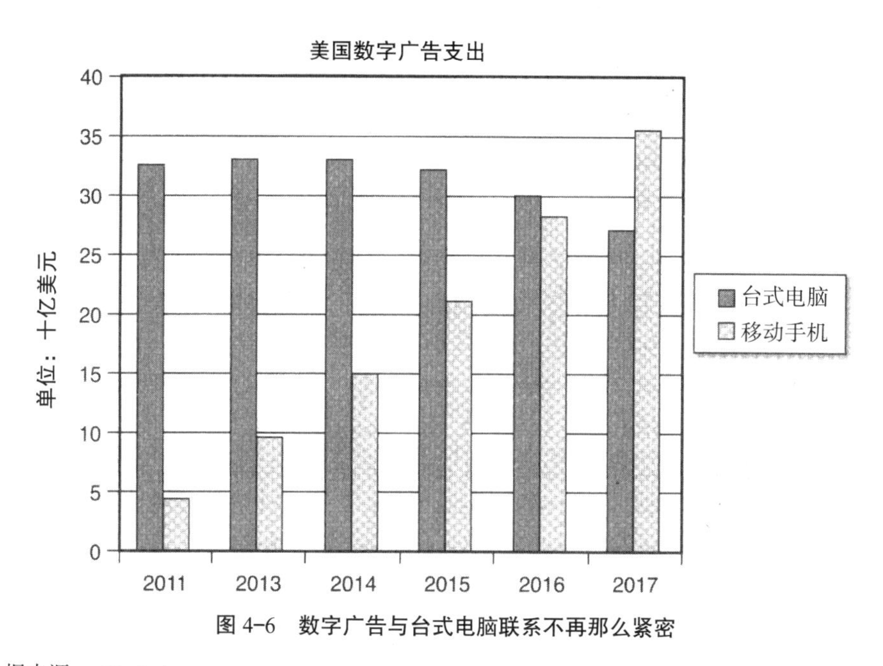

图 4-6　数字广告与台式电脑联系不再那么紧密

数据来源：eMarketer

无处不在的应用程序和广告

正如我们所看到的，手机革命最显著的效果可能莫过于从个人电脑到智能手机和平板电脑作为公众和互联网之间主要接口的巨大转变。在世界各地，用户正在转向用智能手机上网搜索、在线购物、观看 YouTube、欣赏网络直播或点播的电视节目和电影以及玩游戏和听音乐。这些用户还希望用同样的设备在家里（如果他们现在还有电视）、通勤路上、商店里、飞机上或者火车上通过电视屏幕控制电视节目。他们还希望将手机当作移动钱包，作为信用卡和现金安全可靠的替代品。同时，当不在办公室时，他们希望可以用手机访问工作应用程序：文档、演示文稿、电子表格。无论是纽约、上海、巴黎或是拉各斯，用户希望在各地都可以用到相同或是类似的东西。简而言之，新型消费者希望无论何时何地都可以通过移动设备连接互联网。因此，从个人小软件公司到跨国互联网公司、硬件生产商、麦迪逊大道上的广告公司，人人都想从移动业务这块“大馅饼”中分得一块。

但是，为了赚到足够多的钱以支持这类扩张，以及满足投资者的期望，互联网科技公司需要拉来数十亿美元的广告收入。要做到这一点，它们需要让数字广告变得对客户来说方便且有利可图。总之，它们需要收集并利用（或转卖）非常大量的用户数据来完成这场“魔鬼交易”。

第 5 章

从社交媒体到数字广告市场和交易

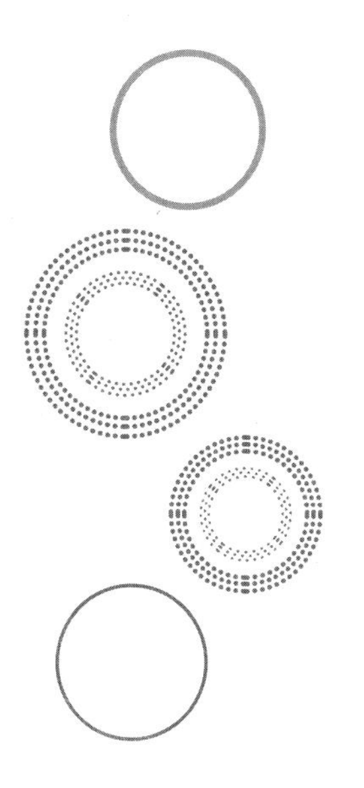

- 随着数字广告从个人电脑向移动设备转移，电子广告的市场在扩大，交易行为正在激增。
- 通过数字广告与目标观众的匹配，实时竞价（RTB）实现了高频度的在线拍卖。
- Facebook 和 Twitter 都使用了大量用户数据并通过战略采购进入电子广告市场。

要了解大数据是如何影响移动设备市场的，我们有必要了解数字广告的发展，正是基于大数据的原理和实现工具，才得以让定制广告推送到数百万的目标用户的智能手机上，这反过来又促使大家建立起有效的网络、硬件以及软件设施，这一切确保了设备和应用的可用性。总之，定向广告是“消费者语境下的大数据包含什么”的很好一部分。

电子广告的演变

在最近一段时间里，数字广告在很大程度上就是一个生硬的解说，基本沿用了同印刷广告类似的内容和投放策略，目标性不强而且对潜在用户的反馈数据知之甚少。它的通常做法是把横幅广告投放在假定某个区域及主题能够吸引潜在用户点击和购买的网站上。广告商无法针对个人进行精准营销，因为它们无法采集用户的个人资料数据，也没有任何准确的方法来跟踪广告是否有效，更进一步说，它们没有方法来确定这些广告为什么有效或者无效？

如今，事态已经大不一样了，用户追踪技术在最近几年有了长足进步。现在当用户访问一个网站（如《纽约时报》、Dictionary.com 或者 Weather Underground）时，尤其是带有 Twitter、Facebook 或者 Google+ 按钮的网站，用户的访问行为就已经被追踪了，这种追踪通常是匿名的，但如果用户在这些网站登录了或者使用了常用的 Facebook 或者谷歌账号，用户的访问行为就通过用户标识或者设备标识进行记录，如此，用户在网站中的购物、点击和页面访问甚至滚屏等都会被实时追踪。

移动广告之所以发展如此迅速的原因之一是数字广告市场和交易的出现，因为这些平台允许数字广告在用户访问网站时立即显示给目标用户，通过精确的电子匹配系统也就是实时竞价，我们完全能够实现这一点。越来越多的电子广告交易、拍卖和网络公司，其中最大的像 Millennial Media、InMobi 或 AdMob（谷歌旗下），它们系统中的数据库保存了数百万的用户个人画像数据，并且该系统能够将数百万的广告与之进行实时匹配。虽然技术复杂，思路却很简单：每当用户访问一个网站或打开一个应用程序，那他就创建了一个广告请求，然后发送到各个实时竞价系统，同时能够让广告主实时出价把有针对性的广告显示在页面上，这一切不到一秒钟就能够完成。

DIGITAL EXHAUST

实时竞价的基本知识

到 2017 年，约有三分之一的数字广告都会有高频度、计算机化的交易和广告匹配的过程，我们称之为实时竞价。有时我们称这个过程为程序性的瞬时拍卖，这是因为它们是通过预设的参数和计算机算法来实现的，实时竞价允许数字广告的买家在广告交易库存中通过计算机使用一个电子竞价程序快速出价。

该广告交换功能非常像一个电子股票市场，使用实时软件在页面加载的毫秒级内完成拍卖。出版商（网站拥有者并且经常在网站上售卖广告空间）可能会使用供应方平台（SSP），在竞价过程中来帮助管理和销售它们的广告位。广告商（购买广告空间，也称为库存地点）利用需求方平台（DSP）来购买广告，设置参数以及通过设备拥有者或访问用户的点击量来监测这些广告的效果。这些数字广告来自一个巨大的广告集合，而这个集合来自广告网络，需求方平台技术能够瞬时（小于 100 毫秒）确定印象值的价值，之后基于用户的历史访问为选定的广告放置在合适的位置而进行竞价。付款是通过印象值的数量来计算的，基于一个印象值，或一个“眼球”——一个广告被看到的次数。通过使用实时竞价，在每次用户打开网站的时候，这个网站的广告空间以近似实时的速度被针对这个用户的特定广告填满，同时确保每一个印象值都是销售的最高价格。在出版商直接面向广告网络出售捆绑的印象值（通常为一次 1000 个）的情况下，这种类型的实时竞价相对于静态拍卖而言显然已经有了很大的进步。

不仅如此，如今更复杂的系统能同时跟踪同一用户在多个平台（如谷歌、Twitter、Facebook）和多个设备（如用户的移动个人电脑和电子阅读器）的访问。这是数字广告的圣杯，因为这种类型的多通道监测平台大大提高了信息粒度，使得这些信息能够一天 24 小时源源不断地流入大数据文件数据库。

那么，数字广告与社交媒体以及即时消息有什么关系呢？

答案大大超出我们的意料，因为随着对 WhatsApp 的收购以及 Facebook 用户网络（FAN）建设的发布，Facebook 就这种实时竞价与大量的用户画像结合的应用已经取得了巨大的飞跃。更令人吃惊的是，市场竞争也日益增多。随着收购 MoPub，Twitter 也在逐步推进类似的竞争策略，在大数据和个人数据领域的竞争中，这两家公司最近的举动可能会变得非常重要。

社交媒体与即时消息的竞争

可能这非常令人好奇，搜索引擎集团（谷歌、雅虎）与在线零售商（苹果公司、亚马逊）之间的竞争将以第三次革命性的消费互联网趋势的形式出现：移动消息和社交媒体。但没有什么比 Facebook 和 Twitter 的崛起更能说明个人数据是大数据的强大天性。这两家公司在一起已经成为一种现象，每年光在网站上销售广告空间的收入就能达到 600 亿美元。 而且他们早期的成功不仅仅是与个人用户相关，约 70% 的财富 500 强公司有一个 Facebook 页面（77% 有一个 Twitter 账户），它们每年在社交媒体和相关营销方面的平均支出将近 1900 万美元。

2013 年是 Facebook 成立的第十个年头，这个公司的起源在电影《社交网络》（*The Social Network*）里有着详细的叙述：在哈佛大学里，野心勃勃的马克·扎克伯格和他昔日的同学通过创建一个网站来分享校园八卦和学生生活。今天 Facebook 在全球拥有超过 12 亿的用户，其中许多老一代的人本来不那么喜欢上网，但后来他们发现自己已经沉迷于自己的 Facebook 网页，这是一个真正不分年龄的现象。

与搜索引擎和在线零售商类似，Facebook 同样把能够从不同的渠道捕获的海量用户个人数据作为未来成功的支柱，预计 2017 年，通过给数十亿用户推送广告带来的收入能够达到 230 亿美元。Facebook 现在是世界第二大数字广告平台，仍然落后于谷歌，但已在 2014 年超越了雅虎。

当然，作为浮士德式交易的一部分，在用户分享图片和消息时，Facebook 的高管在思考大数据，说得更直白些就是收集个人数据和销售移动广告。与容易使用、非常有意义和令人愉悦的网站来比，还有什么更好的方式可以让全世界的用户自愿贡献他们的个人数据。这个网站不仅可以使用户在邀请墙上张贴和共享照片，而且还提供了一种沟通方式（通过发送消息或者邮件）。再加上其他诱人的产品，如论坛、博客、音乐分享、即时消息、语音互联网协议（VoIP）。如果把以上都做好了，数以百万计的用户将会很乐意地告诉你所有关于他们自己的信息，并允许你获取他们的个人信息。

DIGITAL EXHAUST

什么是 VoIP

VoIP（Voice over Internet Protocol），语音互联网协议，是使模拟音频（电话）转换成数字数据并能够在互联网上传输的一种技术。有时被称为 IP 电话，该技术意味着可以在互联网而不是电话公司的网络中打电话（免费，类似电子邮件）。Skype 就是一个著名的例子。

这种"社交媒体"的方式让 Facebook 拥有了丰富的个人用户信息，因为与传统搜索引擎及在线商店不一样，Facebook 引入了更多的"亲密性"数据：照片、个人喜好、朋友和有影响力的人。早在 2011 年，Facebook 就提供了时间轴功能，帮助用户用照片、地点以及纪念品来完整记录个人生活。在数据收集方面这真是一个杰作，它诱导人们自愿贡献他们的个人数据，Facebook在这点上仍然无与伦比。

但如何在一个高度竞争的世界里维系这些用户呢？随着市场估值达到1750亿美元，并作为第一个做社交媒体的公司，Facebook在很长时间里一直保持了领先地位，但是只靠纯粹的社交网络可能也不那么容易一直领跑。

Facebook的第一个挑战来自直接竞争。一旦商业模式变得清晰，大量的竞争者就会通过构建自己的社交媒体平台争相模仿。谷歌在2010年推出了Buzz，不过后来被Gougle+所替代；微软推出了Yammer；Salesforce推出了Chatter；同时还有Meme 、Tibbr和SocialCast。阿里巴巴在中国创建了类似的系统。Naver在韩国发展得热火朝天。还有一些“秘密”的社交网络公司如YikYak、Secret和Whisper，虽然号称匿名社交且具有排他性，但是它们依旧公开承认它们也追踪用户数据。大公司如DHL、普华永道会计师事务所和沃达丰也创建了自己更专业和专注的社交媒体平台。

Facebook也面临着一个事实的挑战，那就是社交媒体已经变得成熟，甚至说可能变得有些落伍。几年来，公司担心随着其用户群的增长，这些成年人将不太对社交媒体感兴趣。2013年的一个调查证实了这些担忧，三分之一的用户表示，他们将在五年内减少使用Facebook。这意味着Facebook需要找到一个维系12亿已有用户的方法，在生活的各个阶段能够吸引这些成年用户，而且在未来还要俘获青少年的心。那些青少年希望以更为简单的方式进行交流，能够基于小视频和图片沟通，也就是移动消息。

即时消息是一个迅猛发展的领域，因为它为年轻人提供了更廉价和更容易的手机交流方式，整个市场规模估计每年超过3000亿美元。更重要的是，大数据专家像Facebook、Naver和阿里巴巴，如果它们不“自己”掌控网络即时消息市场，那它们的风险将比社交媒体和网络市场的那些人更大。毕竟，大多数消息群体已经提供了一定程度的照片和视频共享功能。Twitter和

Snapchat 在 Facebook 平台上了提供了缩小版的功能包，聊天软件比如 Kik、WhatsApp、Line 以及 GroupMe 紧随其后，要创建一个单独的只是用于消息传递的互联网。Facebook 最后要走的是和 Myspace 或 Friendster 一样的路。

移动消息

SMS（texting）就是我们经常说的短信，这种短消息限制在 160 个字符内，通过电话网络、互联网和移动网络传输。一般来说，当前的短消息是在移动网络中实现手机对手机的消息传递。

MMS 为多媒体消息服务，与 SMS 类似，但是允许用户通过附件（图片、音频或视频等）的方式来发送消息。

OTT（over-the-top）内容，用来描述在笔记本电脑、游戏主机、智能电视或者第三方的移动设备（Hulu、奈飞公司、myTV、WhereverTV 等）中的各种不同的音频或者视频，互联网服务供应商（ISP，Internet service provider）为这些第三方厂商提供“搭便车”式的计算内容传输服务。与此类似的，OTT 消息传递描述了第三方（例如 WhatsApp、微信、iMessage、LINE 等）提供的即时消息传递服务通常通过移动设备上的应用程序实现（这表示用户不再需要为移动网络额外付费了）。

所以说，短信、聊天应用程序和微博作为成熟的社交媒体工具不会有很大的业绩表现，这是因为它们没有收集大量丰富的个人数据。但是对于大数据公司而言，这些厂商依然具有吸引力，因为它们吸引年轻的用户去持续地查看自己的手机，拥有可用于提供广告的视频和图片载体，提供了用于消息监控和社交媒体采集的入口。

不过即使到现在 Facebook 面临的最大的挑战还是从 PC 端到移动端的转

变，通过丰富并且分层的网站，Facebook 在 PC 端的大屏上使用体验非常好，但是在手机上就未必了。

但是我们现在生活在移动设备经济时代，屏幕界面已经和我们的手掌差不多大小了，如此一来策略就完全不一样了。

考虑到主导移动广告市场所需的关键功能，这关系到移动设备、支付系统的内容和娱乐应用以及大量用户数据，Facebook 快速开发了适用于 iOS 以及 Android 系统的版本。前期在 Snapchat 上花的 30 亿美元不太成功，在 2012 年，Facebook 花费 10 亿美元收购了 Instagram。这为其在世界范围内带来了 2 亿以上的用户。另外通过花费 190 亿美元收购 WhatsApp，获取了 4.5 亿用户，而且保守估计每年会有 100 万以上的新增用户。这些举措使得 Facebook 处理海量信息的程度比起全球所有移动短消息系统所能处理的总和还要大。这些让 Facebook 可以大规模进军移动交流和广告市场；让 Instagram 在核心的图片分享上，利用 WhatsApp 获取即时消息这个领域的强有力市场，为数以百万计的用户提供了类似谷歌邮箱的移动端邮件应用。这些举措还被 Facebook 用来监控个人消息，同时也成为移动广告的基础。

这些战略性的并购使得 Facebook 在全球通信领域比任何的传统有线或卫星互联网供应商更具有主导地位。事实上如果 Facebook 的战略能够圆满实现的话，那么这种模式将可能会使传统的电信和有线电视巨头比如康卡斯特和 Verizon 的生存空间更为狭小。利用 WhatsApp，Facebook 让全球 5 亿用户用上了低廉简单快捷的虚拟免费电话，在基于传统电信提供的基础设施上建立了属于 Facebook 的数据网络。

根据一些估算，预计在 2018 年，这些在线消息平台（包括 VoIP），可能会从传统电信业手中抢走价值近 4000 亿美元的收入。Facebook 可能会在五年内成为比 Skype 更强大的国际性电话公司，使之成为全球互联网的守门人以及大数据产业的核心。

Facebook 同时也开始利用用户消息在广告市场里针对中小企业（SMEs）推广一个简单易用的交流平台（这个业务以往都被谷歌长期垄断），Facebook 允许这些中小企业简单容易地接入海量的用户数据库。Facebook 允许用户上传他们的用户通讯录，然后 Facebook 就可以直接在页面上为这些通讯录的用户或者用户的朋友推送广告了。这种方式让小企业可以为他们的本地客户或者联系人提供定制广告，同时也不断扩充了 Facebook 一直在不断增长的用户信息数据库（如图 5-1 所示）。

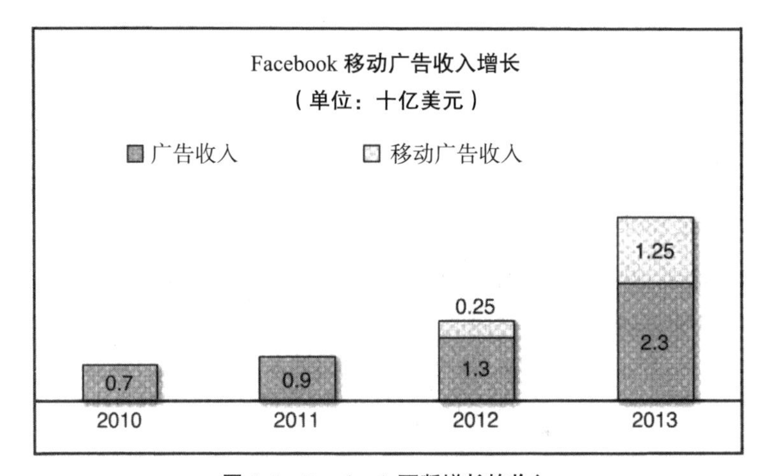

图 5-1　Facebook 不断增长的收入

数据来源：Bloomberg

也许甚至都超过了谷歌，Facebook 的商业模式是基于一个两相的命题：第一，依靠投资者的资金同时扩大其用户基础、收集尽可能多的个人用户数据；第二，成为连接广告商和其用户的高收入管道。

现在有了回报，Facebook 在美国数字广告市场、全球数字广告市场和全球移动广告市场的地位仅次于谷歌。而且在移动广告市场 Facebook 看到了真正的机会，全球每天有超过 75 亿人通过他们的移动设备（近 80% 的 Facebook 用户）登录 Facebook（或 Facebook 拥有的）服务。这意味着随着全球广告支出以每年 90% 的速度增长，仅在 2014 年第一季度，Facebook 的全球广告收入就达到了 13.3 亿美元，这仅仅是在移动设备上的广告。公司已将深度数据分析、大数据集和各种数据源紧密整合成了完美的大数据组合。

但是在 Facebook 自身广告能力达到上限时，该如何处理这些对时间敏感、有深度的个人数据呢？

答案是开展数字广告销售业务。

几年来，Facebook 一直没有放弃移动广告网络的想法，它将允许它和更广泛的广告客户利用其巨大的数据集，而不会因广告太多造成的混乱使它自身网站的吸引力减少。到 2013 年年末，他们开始尝试让广告商和应用开发者通过各种应用接入 Facebook 丰富的用户个人数据，这种方式与 Facebook 自身不直接相关，简单来说，Facebook 想在数字广告市场上出售其用户数据。公司知道它比其他手机广告市场（如 InMobi、AdMob）更具优势。因为其他的手机广告市场会有更多的限制，往往只能“推断”用户数据。即使是 Millennial Media，最大的数字广告统一受众平台，拥有超过 4.4 亿的全球移动用户和 1.31 亿条观众数据库（从超过 20 个第三方数据提供商购买的），和 Facebook 相比起来也似乎限制更多。Facebook 拥有世界各地的 12 亿人的个人数据，这些已经被唯一标识的用户数据还包括了他们在衣着、音乐和电影方面的喜好，以及他们的就业情况和个人历史。

另一方面，用户数据有价值但也可能有缺点。将用户数据以匿名或整合的形式发布给外部团体，这样在数字广告市场上的利润远远低于更个性化的配置文件。Facebook 不仅会通过发布这样详细的个人数据来稀释自己的市场，而且很有可能看到用户的反叛，因为客户意识到他们自愿给 Facebook 的，最有可能在某种程度上受到 Facebook 隐私工具和规则保护的数据，现在却被卖给任何一个愿意出价的人。

DIGITAL EXHAUST

什么是频率上限

为了避免“广告横幅被破坏”，在数字广告领域，频率上限用于限制一个特定的广告展示给用户的次数，通过在访问者电脑中唯一标记 cookie 来监控某个特定广告的印象值或者访问次数（有时用时长监控）。对于匿名用户，它可能是一个欢迎信息而不一定是一个重复的广告，但这些 cookie（经常是）不仅用来计算用户浏览广告的次数，而且也记录了用户的访问行为，在用户清空个人 cookie 信息之前，这些追踪会一直有效。

Facebook 提出了一个双赢的解决方案，它只改变了数据流动的方向。Facebook 不向广告商出售用户数据，而是直接向用户发送广告。这种方式允许 Facebook 根据个人资料数据为广告商提供活的“目标”，同时让 Facebook 保留了对实际定向过程的控制，更重要的是同时获取了用户的数据。客户将他们的定制广告发送给 Facebook，然后这些广告就可以准确地与合适的用户进行匹配，不管用户是在 Facebook 网站或者移动应用上还是在更多的非 Facebook 网站上。

为此，2014 年 Facebook 宣布了 Facebook 受众网络（Facebook Audience Network，FAN），它为应用程序开发者和广告商提供一站式移动广告平台服务，它们可以利用用户的个人和行为信息重新定位用户，而这些数据都是这些年来 Facebook 所积累的。

Facebook 受众网络意味着 Facebook 对个人数据的拥有权，同时也确保了用户个人隐私数据的安全性，同时又能够推送合适的广告让客户满意。投资界喜欢它，因为 Facebook 作为一个用大数据赚钱的公司让投资者很放心，这符合他们最初对它的预期；应用程序开发商喜欢它，因为它可以帮助他们赚取广告利润；广告商喜欢它，因为他们可以更有效地投放他们的广告。广告商通过Facebook受众网络的大数据分析工具评估精准投放广告之后的效果。它是最有效的消费者大数据。

DIGITAL EXHAUST

什么是重定向

重定向（有时称为“行为营销”）是一种监测在线用户的互联网购物兴趣，如果用户没有购买某个产品，那么在用户所访问的其他网站或者应用程序中继续给用户推荐该产品或者类似产品的方式。同样，这种追踪和监控的模式需要在用户第一次访问的时候，在其个人计算机中“扔下”一个用来追踪行为的cookie。如果用户没有购买，那么这个cookie会继续在其他网站中追踪用户，对于那些在同一个广告网络中注册的公司，在每一个用户访问的网站中显示其以前查看过的品牌或者产品的广告。重定向技术在圣诞节的时候可能会令人很郁闷，因为家庭的其他成员可以通过家用计算机的页面广告发现家人想买什么样的礼物。

但是作为用户数据中介和数字广告中心的，不是只有Facebook一家。

2013年11月，以250亿美元市值首次公开募股之后，Twitter成了大数据时代的另一个惊喜。它已成为世界上最有价值的公司之一，即使它拥有很少的实物资产，从来没有取得盈利，收入只有5亿美元。投资者愿意打赌，将来这家公司会利用其用户数据获取巨大的商业价值，从而在整个市场中占据一席之地。Twitter的一个举措是在2013年购买了移动广告交易公司MoPub Marketplace，MoPub Marketplace通过Android和iOS应用程序在全世界监控了超过十亿台的移动设备，每年有近1300亿个电子广告的需求。2014年，

80% 的 Twitter 广告收入来自移动端，这也解释了为什么 Twitter 在 2014 年宣布以 1 亿美元收购 TapCommerce。TapCommerce 公司的平台能够帮助客户在移动设备上实现用户广告的重定向营销。

但是 Twitter 从未拥有像谷歌、亚马逊或 Facebook 的大数据搜索或分析能力，所以为给自己的数据提供用户配置文件，不得不购买大数据分析公司 Gnip（参见第9章），以帮助分类其数以万计的推文来寻找有意义的商业趋势。尽管发布的 140 个字符的推文（即使每天来自世界各地的使用人数超过 5 亿）几乎不能与 Facebook 所拥有的私密和全面的个人资料相提并论，但 Twitter 已经成功地提供了一个规模巨大的移动广告平台，其结合了大数据的三个关键特征：大数据集、多种来源和复杂的分析。

微软也一样，在 2007 年以 63 亿美元收购在线广告集团 aQuantive 进入数字广告领域，但是微软的根基是软件，从来没有真正接触和处理过用户数据，在广告交易领域也没有太多的专业积累。由于在收购 aQuantive 后并未达到预想效果，因此微软在线服务部门被迫减记 62 亿美元的非现金账面价值。不过更具讽刺意义的是，在 2013 年 Facebook 从微软手中以一个小小的秘密数额买下 aQuantive，把它加入这个社交媒体巨头不断增长的数字广告交换体系中。

不过，微软的直觉可能是正确的，即便它们的时间是错误的。问题是公司所拥有的人才和成功基因都围绕着“微软是一个软件开发者”这么一个前提，它并不是真正的大数据玩家。微软从来没有想过收集用户个人数据也没有一个平台用来进行数字化广告营销，没有像谷歌、Facebook 或者亚马逊自建或者购买利用互联网网关所需要的要素。但随着 2014 年购买诺基亚设备业务以及微软移动的成立，这个曾经辉煌的软件巨人开始了从纯粹的软件到移动设备与服务策略的转变。这可能不会像刚开始收购移动硬件那么简单，因为要做到那样的转变，微软不仅要正视对现有 Windows 软件业务的专注问题，同时还要全盘考虑大数据的收集和数字化广告营销的两个业务环节。

第 6 章
消费者互联网的全球之争

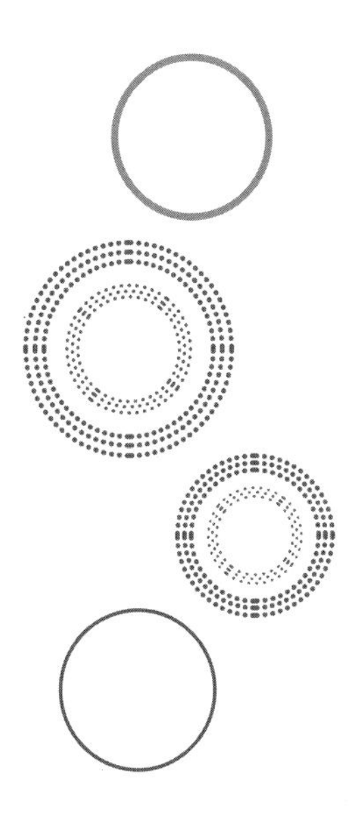

- 通过各种途径（电脑和网络的运用，移动设备和智能手机的销售等），全球消费者互联网正在迅速扩张。
- 尽管有所谓的“中国互联网防火墙”（The Great Firewall of China）的存在，美国和欧洲的公司在中国仍占有一席之地。
- 中国的互联网科技公司对参与欧美市场的竞争同样充满兴趣。
- 这样的全球化竞争尽管有时带来矛盾，但也可能促进大数据时代科技市场的创新和成长。

在我们结束消费者互联网这个话题前，重要的是要意识到尽管我们倾向于认为这一切都发生在美国和西欧，但实际上相同的趋势正在全球范围内发生。如果美国国防部还需要负责互联网安全，硅谷会是第一个向其求助的，这种排外性如今正在不断减弱。尽管占得了先机，西方的互联网公司却发现政治、竞争和美国国家安全局的介入正在使他们向海外的扩张变得愈发艰难，而目的地正是那些拥有绝佳机会的地方。

全球互联网爆炸

可以通过各种途径观察到大数据的普及和数字经济的全球化，其中之一就是全球人均电脑持有量。几乎在世界各地，电脑都已经成为贸易、工业和个人生活的一部分，并在制造和销售的国际化程度上超过了几乎所有其他商品（如图 6–1 所示）。诸如苹果公司、惠普、联想、戴尔、宏碁、东芝、IBM 以及富士通这些公司的制造和销售都十分国际化。随着电脑占有率的提高，美国和西欧市场的相对规模开始缩小，也使新兴的市场成为一个明显的增长目标。这一趋势是非常明显的，只要我们回头看看 20 世纪 90 年代，当时全世界将近一半的电脑都在美国。到了 2000 年，这个数字下降到了三分之一。如今全世界的电脑数量增长速度几乎是美国的两倍，如果保持这一势头，到 2015 年，美国的电脑总数量可能将只占全世界保有量的 15% 左右。

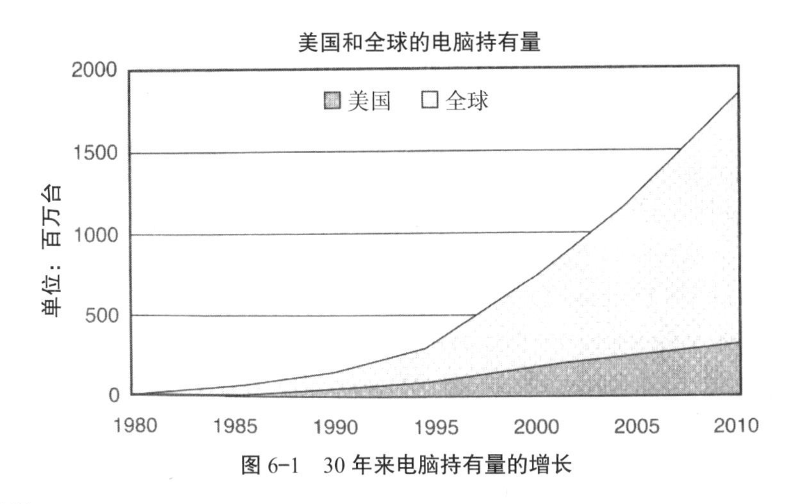

图 6–1　30 年来电脑持有量的增长

数据来源：eTForecasts

有关互联网自身的数据同样具有揭示性，因为它们也表明增长最快的区域大多位于发展中国家（如图 6–2 所示）。

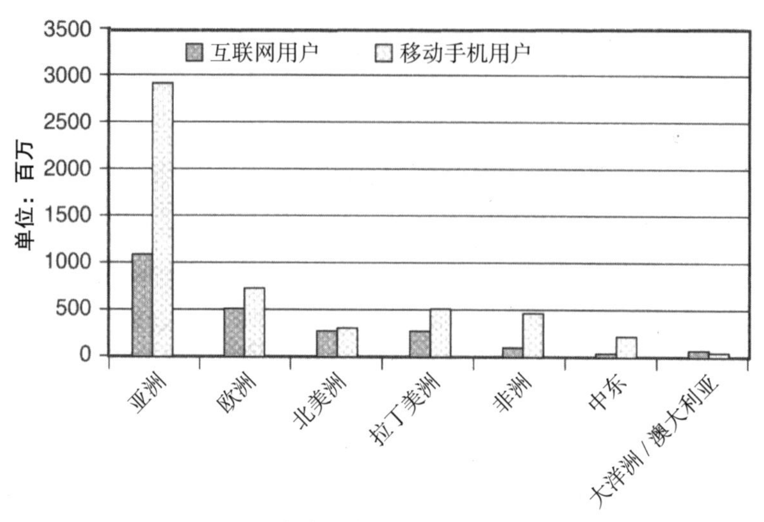

图 6–2　全球互联网和移动手机使用情况

数据来源：Internet World Stats and eMarketer

这种形式的增长同样适用于彻底改革了通信行业的智能手机和移动设备，语音通话、短信和电子邮件使通信变得不再昂贵并且更加普及。价格低廉的移动设备比个人电脑更容易负担得起，它们不仅仅对发达国家的民众来说弥足珍贵，对于一些欠发达地区的使用者来说更是如此。这些国家在十年前还在为基本的生存挣扎，多数情况下根本无法接触到电话。作为一种独特的民主化技术，手机已经遍布全球。无论是在城市还是乡村，手机无处不在；无论是富人还是穷人、年轻人还是老年人，几乎人手一部手机。

在众多移动设备操作系统中，正如我们所看到的，谷歌公司的 Android 系统，由于跟三星公司的产品绑定，在全球范围内格外流行。新兴经济体的重要性也得以体现，据估计，到 2017 年 Android 系统超过 75% 的销售额将会来自新兴市场。

事实上，拥有超过 4 亿观众的中国在在线流视频和电视的市场规模上远胜美国，而且中国已经在全国范围内建立了速度极快的 4G 网络系统。总部位于广东的华为公司，作为世界上最大的电信设备制造商，已经在研发下一代的5G 技术，有望到 2018 年将目前 4G 框架的网速提升 100 倍。

在社交媒体和即时消息领域，竞争尤其激烈。韩国的 Naver 公司，原来是三星公司的一个工作小组，它有一个多用途网站，囊括了游戏、在线购物、视频以及电子书，还有一个成功避开了谷歌并占据了接近 80% 韩国市场的搜索引擎。在 2010 年，Naver 公司还买下了 KakaoTalk，KakaoTalk 提供照片编目服务以及大量虚拟商品，从游戏一直到电子书，带来了额外的 6000 万用户（他们每天大概要发出 35 亿条消息）。日本的 Line 在宣传时就称自己为“亚洲 Facebook”。中国腾讯公司旗下的微信不仅在中国影响力巨大，同时也在诸如墨西哥和印度等国扩张市场。这样的公司不胜枚举。

不是所有新兴市场的互联网科技公司都像美国同类公司一样依靠数字广告。它们大多数更加依靠虚拟商品的销售，比如游戏、应用和一种令很多西方人困惑的商品：在亚洲名为表情包。表情包的内容主要是时下最流行的卡通和可爱的动物的表情符号，像邮票一样被买下之后就可以附在电子邮件中发送。这些公司合在一起就聚集了全世界数千万的用户，形成了它们自己的大数据版本和互联网技术。它们也提升了与传统的西方互联网技术团队之间的竞争水平。

事实上，在智能手机的销售和电子商务上，中国已经超过了美国，并且很快将成为世界上最大的移动商务舞台，因为上千万的中国人跳过了传统的步骤，从没有电话直接跳到拥有移动手机。在 2013 年，81% 的中国用户通过移动设备使用互联网，中国的网上销售额也预计将从 2014 年的 3700 亿美元增长到 2018 年的 6700 亿美元。正如美国、欧洲、日本和韩国的公司，中国的互联网巨头正在把目光投向全球智能手机革命。

东西方的相遇与竞争

所有这些竞争者和国家之间的关系并不是永远都那么和谐，每个国家都有各自的优胜者。但是对于西方的互联网科技公司而言，这些各国优胜者之间的竞争在加剧。

因为 YouTube 在中国被禁，一个同样的网站，优酷公司旗下的土豆网便将目标瞄向了中国的年轻观众，向他们提供世界各地的流媒体内容。土豆网的观众人数在 2012 年短短一年内从 1 亿增长到了 3 亿。这样高速增长的收视率，加上随之而来的广告和表情包的收入，当然不会被中国其他大型互联网和传媒集团忽视。百度（市场份额接近 70% 的中国最大搜索引擎）的子公司搜狐，以及成功的社交网络和游戏集团腾讯公司，都在通过为年轻用户提供政府控制的电视的替代品的程序设计争夺中国庞大的收视率。这也是美国国内对互联网控制的争夺现状的翻版。腾讯公司最近买下了微信。这款软件作为 Twitter 的竞争者，拥有超过 6 亿用户，其中有 1 亿在中国境外。事实上，尽管这不是一个精确的比较，腾讯公司结合其社交网络和游戏的收入，比 Facebook 有更加庞大的收入和更多的利润；在 2013 年腾讯公司报告盈利 25 亿美元（销售额为 99 亿美元），而 Facebook 盈利 15 亿美元（销售额为 79 亿美元）。

在过去的十年里，由于中国的企业保护主义、政治审查制度以及中文的复杂性，西方的互联网巨头譬如谷歌、Facebook、亚马逊以及 Twitter 在中国市场一直束手束脚。但在很多方面，具有讽刺意味的是，这造成了一种混杂的优势，为西方互联网巨头潜在对手的崛起提供了不同的系统和方式。最终，这在创新方面也许是有价值的。

尽管有各种限制和防火墙的存在，西方公司依然坚持在中国保留立足之地。但是作为体现互联网影响力的证明，GlobalWeb Index 的一项社交平台报道就显示，尽管在中国受到官方禁止，但在 2012 年，中国的活跃 Twitter 用户数

（3550 万）甚至超过了美国（2300 万）。事实上，到 2015 年为止，尽管存在各种禁令，Twitter 几乎有三分之一的用户位于亚洲（相比较而言，24% 的用户在美国和 17% 的用户在欧洲）。印度和印度尼西亚都即将超过英国（如图 6–3 所示）成为世界上第三和第四大的 Twitter 用户群。

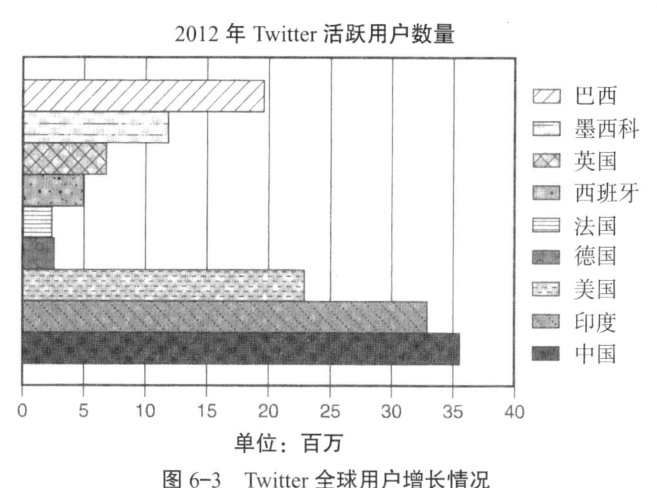

图 6–3　Twitter 全球用户增长情况

数据来源：eMarketer

类似的，尽管 Facebook 是被官方禁止的，中国却依靠仅仅 6% 的市场份额成为 Facebook 的最大市场。甚至在 2010 年因为审查问题退出了中国的谷歌，也在 2012 年重返中国，反映出它对这个互联网用户超过美国两倍的国家的重视。在中国，谷歌现在是排在百度和搜搜之后第三大的搜索引擎。

种种迹象表明，全球一体化和竞争还将继续，因为欧美公司与日本、韩国、印度以及中国公司所有的竞争都是为了不断扩张的全球市场。事实上，就全球用户而言，在 Facebook 和 Google+ 之后，中国企业已经占据了最大 5 家社交网络集团中的三席，其中 QQ 空间（腾讯公司旗下）依靠其接近 20% 的全球用户数位居第三。

更引人注目的是，当中国政府意识到这种潜在的全球覆盖性，它解除了对中国企业首次公开募股的长期禁令。像阿里巴巴这样的集团，相当于亚马逊的中国电子商务企业，已经占到了中国电子商务 80% 左右的份额。反过来说，阿里巴巴的部分股份（22% ~ 24%）是由雅虎持有的，它已经花费了超过 2 亿美元在 Tango 上（Tango 是一款美国的消息应用程序）以提振它的价值，为它在 2014 年 9 月纽约的首次公开募股做准备。

阿里巴巴也不是唯一一个想在纳斯达克上市的中国企业。新浪微博宣布了其募股的意愿，同时还有庞大的社交网络和游戏集团腾讯、中国的搜索引擎和互联网门户百度正在全球并购其他公司，为将来与其他巨头的竞争做准备。

第 7 章

工业互联网和物联网

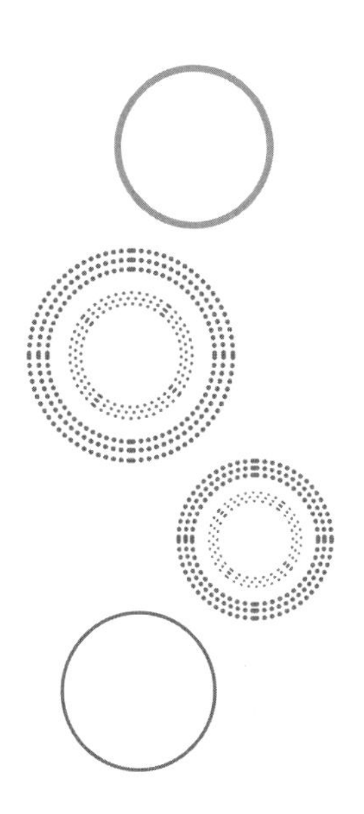

- 自感应和性能报告机器正在为整个全球供应链创造效率，这个全球供应链逐步成为所谓的工业互联网（Industrial Internet）。
- 这些“智能部件”在将来也会是物联网（Internet of Things）的检测和控制中心，覆盖我们的住所、汽车甚至于我们所穿的衣服。
- 互联网技术公司打算成为可以提供将所有这些数字数据联系在一起的协调软件的领导者。
- 工业互联网和物联网的结合体将产生主要是结构化的海量数据，但是这些数据会揭示用户生活的方方面面。

尽管消费者互联网无疑是如今在世界范围内产生数据大爆炸的最大功臣，但是大数据出现在工业领域是必然趋势，那些“生产和运输”（make-and-move）企业在系统、组件和部件上采用越来越多的自感应和自动报警的联网设备以及性能报告感应器。在所谓的工业互联网中，这些新的数据采集技术正开始实现长久以来的机电一体化（机械、电气工程、计算和通信）的承诺，提高全球供应链的效率和生产率。这种机器产生的数字数据是大数据大爆炸的重要组成部分。

智能部件和工业互联网

有关自感应和性能报告机器的构思多年以来一直是现代生产制造的目标，但是直到最近，业界才转向互联网和大数据存储和分析，充分利用这些智能部件的潜能。以数字的形式进行自我识别和报告的任何部件或系统，便是智能手段。这意味着从一台性能检测计算机上，任何东西可以通过一个远程管道传送到一个开关寄存阀。

如今，这些智能部件能够监控和报告它们的状态（温度、压力、转速、振动、填充量等），并立即以机器终端智能交互来传递数据，修正必要的性能或安全性，同时将实时性能报告传给机械专家，不论他身处何地。同样的数字通信系统（也许包括卫星、GPS 和通过 Wi-Fi 连接在一起的移动设备）也能用来远程修改那些部件和系统（调整温度、关闭阀门、下维修订单或订购新部件）。

这种自感应技术和通过互联网提供的通信可能具有彻底改变供应链的潜力，特别是如果那些数字数据（以及这些部件可能以每秒钟多次间隔报告，产生巨量的数字数据）能被捕获，存储和分析起来以供诊断、模式识别，甚至可靠性和失效的预测。

不仅仅是自动报警机器正在对工业互联网进行革命。产品从生产到消费的过程中产生的数据量有望大幅提升扫描和跟踪技术。自 1974 年现代计算初期开始，产品标识已经和通用产品代码（Universal Product Code，UPC）结合在一起了，这是一个局限于基本信息（产品标识和价格）且必须用光学扫描仪才能直接读取的条形码。但是今天，产品级的射频识别（RFID）标签有复杂的感知能力和报告技术，不仅仅传达产品或货箱本身的信息，也有关于产品经过的地方和时间（跟踪）、运输环境温度和湿度（质量保证）以及产品是否被篡改或打开的信息（安全和安全性）。

这些射频识别标签可以使用近场通信（NFC）读取，或者由世界上几乎任何地方的公司或消费者通过 Wi-Fi 和互联网远程监控。同时，由于这些射频识别标签的能力已经增强，其价格也大幅下降，从 2010 年以来下降了 80%。如今，一个标准的射频识别标签的价格低到只要 10 美分。

DIGITAL EXHAUST

近场通信

近场通信是一组采用电磁无线技术的短距离无线电传输标准，可以用于智能电话和其他移动设备以及支持近场通信的设备或芯片（有时也叫作贴纸或标签）交换数据。用户身份信息被存在用户的手机 SIM 卡上，通过对着一个近场通信贴纸或设备点击或扫一下智能手机，该用户可以调用越来越多的应用程序，从移动支付系统到购票，或更新商店忠诚度计划信息。近场通信技术已经获得 Android 设备、微软和黑莓智能手机的支持，将有可能成为苹果公司在即将推出的 iPhone 上的 iWallet 不可或缺的部分。

随着技术和标准的革新，近场通信技术和配套服务市场不断发展，IDTechEx 研究估计，到 2020 年，近场通信市场将价值 234 亿美元。所有这些新型自我监控和报告的设备产生的海量数字数据，大概到 2020 年会爆发性增长 15 倍。

这些新工业互联网技术在以下几个方面被证明有革命性：

- **供应链优化：** 正是由于机械机器人和企业资源计划系统（参看第 9 章）针对即时订购、质量评估和制造或组装协作，使用精密校准工具和传感器进行自动调整材料、温度或湿度参数，智能部件（智能、自我监控和报告组件）已经控制了许多生产制造过程。在大型仓储环境里，传感器可以扫描近场通信标签，立即创建成百上千的商品清单，然后进行商品调整；或根据整个生产场地的库存来协调处理短缺或过剩；或通过互联网和数以千计的供应商进行联系。甚至连自动售货机都可以评估价格（根据自身所处的环境来调整价格，例如，在热天调高冷饮的价格），提供关于它们所赚取金额的实时数据，或者，如果它们正在接近低库存状况或检测到一个部件失灵时，可以提醒本地送货司机。将近场通信、自动报警组件和 GPS 追踪结合的技术也许是最具革命性的，在整个物流过程中给供应链可视化提供了非同一般的新高度。举一个例子，在类似 UPS 快递这样的企业中，可以看到可视化的高效率作用。UPS 快递能捕捉其在美国境内的 1 万辆卡车上的 200 多个数据点：监视燃料的使用、车速、方向（前进或后退）、转速（RPM）、油压甚至司机是否系上了安全带。所有的数据能够按照地区、车队、卡车或司机表现进行细分。这个水平的大数据监视和快速分析以更低的维护成本、更好的燃油效率、更低的排放率、更好的客户服务来改善和提升司机的安全度。它也产生了大量的数字数据（尽管大多数是结构化的）以供存储和分析。

- **计算机 / 基于状态的维护：**智能传感器和组件也能用于监视整个供应链过程中所有相关的机械设备：收集每一样东西的实时性能数据，从喷气式飞机到送货车的引擎、到生产线设备、自动售货机。温度、振动、转速、压力和很多其他可测量的变量，不仅揭示了输出和性能水平，重要的是，也能被用于评估组件的可靠性。除了燃油成本，车队维护是运输和物流集团必须重视的最大成本之一。大数据分析有助于关联基于组件使用、维护和故障率的数据，建立一个预防性维护平台，这不仅让公司的工程师们能预测一个零件产生故障的可能性，也使公司避免停机时间和减少定期维护管理成本，避免更换运行良好的零件。某类运输体积可以产生很大的数据量，例如，对于一架喷气式飞机的引擎来说，5 小时的飞行能够产生多达一个 TB 的数据量。迈凯伦（McLaren）车队的 F1 赛车能够携带大约 200 个传感器，每场比赛以惊人的速度传送 3TB 的实时数据。加之飞机、船、火车、卡车的整个编队，另外算上核能及电力发电厂、电网以及全球范围内企业的整个生产过程，我们讨论的是大量的数字数据。所有这些数据必须被捕捉、存储（然后备份）及分析：这对于应用更复杂的大数据分析来说是个绝佳机会。

工业互联网的大数据应用不只限于生产运输企业。不同行业中都可以使用这类大数据集进行分析。当然，金融市场已经在利用大数据分析进行交易。银行采用它来做风险建模和欺诈检测。随着像谷歌、亚马逊、Facebook、阿里巴巴这样的集团和其他企业进入在线支付系统，移动设备将和云平台绑定，提供了财务会计和追踪服务的入口，这些入口传统上由银行和信用卡公司提供。由于人口持续老龄化，在美国及全世界，大数据分析会在医疗卫生领域变得越来越重要，其可以用来追踪病患来源于不同地方的病历，如医院、诊所和医生，可以将收集的治疗方案关联起来，用于分析成功和失败的治疗方案。农民也正在把来自复杂的农机和田间的传感系统的数据逐步结合在一起，这将帮助他们在种植、施肥、灌溉和收割上做出更好的决策。自动驾驶的拖拉机利用基于 GPS 的软件更有效率地耕种土地。像自动驾驶的汽车一样，将手机编程和控制技术应用在自走式农业设备，也只有几年时间。重要的是，在大数据方面，大型农业集团如孟山都公司和杜邦已经收集了大量的数据，这些数据来自基于农场的传感器，可以提供关于种子类型或化肥的建议（同时，它们在消费者互联网上收集数据，用那些数据来做广告或把它们的产品或服务卖给农民）。

机电一体化、智能系统和改善了的数据存储及分析几乎发生在经济的每个方面，通过消除重复和低效率、减少能源和资源消耗，在一些领域促进了生产力的显著提高。当机器人、小型化和人工智能愈加成功的结合，它将最终彻底改变供应链。

事实上，2014 年是更多数字数据由机器产生而不是人类产生的第一年，这不是一个简单的里程碑。到 2020 年，预计连接在一起的电子设备的数量会爆发性地增长到 300 亿至 500 亿。到那时，也许会有数十亿这样的智能设备，互相通信、指挥甚至一起辩论，所有的设备通过互联网在巨大的网络中互相连接，高德纳咨询公司最近预测这会涉及多达 4 万亿相关的硬件和遍及世界的软件。

但是那些数字不只是体现在工业互联网的扩展上，智能部件和自感应及自动报警的组件能容易地进入到我们的个人生活中，在那里商业和消费者能无缝对接。这一领域是来自麻省理工学院的自动辨识中心（MIT’s Auto-ID Center，这个团体为近场通信和类似的传感器创立了标准）的 Kenneth Ashton 早在 1999 年最先提出的物联网，那是一个数字数据由机器产生、传输、读取并做出反应的世界，不需要任何人到人的数据传输。

物联网

善用这些相同的智能技术是大数据活动的一个新兴领域，它包括很多构成了我们经济和日常生活的其他一切东西。物联网是消费和工业大数据的融合，并且可以说是大数据将会带给社会（更好的医疗保健、安全、繁荣和便利性方面）最大利益的一个领域。物联网包括日常生活的重要方面：金融服务、制药、医疗保健，也包括无数用于汽车、家庭甚至我们身体的新型监测和电子管理系统。

家庭

在家里（除了电视）监控或控制数据的常见用途是公用事业。但是能够监控能源和水的使用并不具有革命性，公用事业供应商一直在预测使用模式和可能的使用中断，或者不时为消费者提供基于性能的费率或奖励。尽管它们已经了解我们的能源使用量，并很可能从其上升和下降中推断出消费者在家或睡觉的时间（或据此推断何时起床、沐浴甚至洗涤衣物），但公用事业公司传统上一直对深入了解其消费者的生活不感兴趣。

然而，最近强大的互联网技术公司已经来到跟前了，它们对精确了解某个人在做什么非常感兴趣。有了一个将结合了消费互联网方方面面（电信和媒体、智能电话、应用程序以及移动商务）和工业互联网（自我监视和报警的传感器、机器对机器的联网）捆绑的一套服务，像谷歌、亚马逊和 Facebook 这样的公司正在倡导物联网，将提供广泛的家用服务，从流媒体电视到温度控制、报警系统到智能冰箱和联网厨房。同时它们想通过各自的移动设备和运行它们的操作系统对所有的这些活动进行引导，通过在它们的云服务平台存储数据来和其应用程序紧密结合在一起。

可以用在这种物联网的房子中应用程序的种类是有限的。只有通过那些能被发明出来和可以通过家庭 Wi-Fi 网络控制的自我感知组件：智能抽水马桶、洗衣机、灯泡、冰箱甚至自我监控的收纳箱，能够用短信提醒用户他们的牛奶或鸡蛋的存量不足。最终，这些系统在设备出故障时，能够通知修理工甚至在修理工到达时可以为他们开门（通过移动设备经由房主验证）。

据估计，设备连通水平的程度各有不同，但是多数人相信到 2020 年，大多数家庭会有多达 200 个与互联网连接的设备。英特尔认为大约有 38 亿个设备已经连接在一起了，但是预计这个数字在下一个 5 年里会跃升到 300 亿。思科公司把到 2020 年时机器到机器连接数（M2M）设想得更高，有 500 亿之多，并表明这个物联网生态系统能够给全球经济增加多达 14.4 万亿美元的总收入。它们甚至已经开发了一个实时在线连接计数器，能够给出这些连接发生时的预计速率。

但是物联网不只包括元件部分，在微芯片上做自我监控和报警系统的技术已经随处可得，微处理器已被植入家用电器中：从闹钟到微波炉、洗碗机和保安系统，这些已经存在好多年了。但是像思科公司（和其他互联网网络基础设施、服务器和不同类型的硬件公司）这样的集团在通过物联网捕获大量扩张的数字数据方面做得很好，它们得到的收益来自售出更多它们已经生产出的这样类型的产品，而不是它们自己进入新监控技术的开发中。

目前来看，缺少一个控制系统来把所有这些带入生活中。这个系统应该是一个易于使用的系统，能够协调来自一所房子不同组件和家用电器的所有数据。产生这类协调平台的机会不会落在像IBM、美国通用电气公司、英特尔或思科公司这些传统的IT或元件生产厂家身上。这些协调或操作系统会由像谷歌、苹果公司和亚马逊这样的集团提供。在这样规模上的协调和数据处理不会以本地为主。一个成功的操作系统能够给物联网提供消费者互联网的基本要素：智能电话、杀手级应用和基于云的软件及服务。通过用户的智能电话可以访问到的应用程序，驻留在云端的协调系统，这意味着来自家庭的数据在返回到用户的移动设备上前需要被传送、存储和解读。这意味着在家庭里所有正在被收集的数据：买了什么东西、多久、吃了多少卡路里、用了多少能量、产品是否陈旧或失效了需要更换，都会与云系统的所有者共享，为不断增长的个人资料增加了数据，这些数据可以被用于定向广告、产品和服务提供给用户。

这些操作系统不仅能够收集数据，还能被用来定向投放广告。它们自己也需要能够管理实际的设备。到目前为止，正是缺少这层软件：一个控制系统，能够无缝和可靠地连接和管理广泛的元件和电器（为闯入者打开前门或者因为跟房主关系不好而开启空空的微波炉激发火警）。

谁能率先提供这样的操作系统？

只有屈指可数的几家公司已经具备必要的资金和专业知识，可以在智能电话、大数据、云计算和复杂分析软件上来变现。三星凭借它和电子设备及电器的紧密联系，发布了智能家居平台，这个平台允许房主借助一个移动应用程序监视从洗衣机到厨房电器的每一样东西。它由一个资深的电子设备设计商设计，这个设计商也能生产冰箱、电视和洗衣机，也是一个全球最畅销品牌的智能手机（智能手表很快要发布了）的制造商，它的智能手机在全球流行的Android系统上运行。当然，谷歌也在2014年带着它用32亿美元购得的Next Technologies公司的基于网页的恒温器和报警器，进入了基于互联网的家居保安领域。它们接着收购了Dropcam，这是一家制造复杂的、运动感应的家庭保安摄像头的公司。

苹果公司宣布了它的智能家居新计划，这个计划将是一个集成监控和控制灯具、家用电器和保安系统的基于 iPhone 的平台。它计划连接苹果公司的在线支付服务，同时通过在线苹果商店及受欢迎的零售店来扩展智能家居的销售，他们已经开始售卖燕窝产品、自动报警的灯泡和 Dropcam 的摄像头（没有一个是实体商店），因为它们也将能够利用其智能电视和在线电视购物平台的优势在零售店售卖物联网专用设备和元件。苹果公司已经致力于物联网的事实将肯定会促使应用程序开发者、元件制造商和像美国通用电气公司及惠而浦公司这样的家电生产商来加速推出智能家居产品以接入苹果平台。

10 多年来，微软一直在开发其 Windows 嵌入式套件的不同版本，这些套件用于各种各样的导航系统、车载电脑娱乐功能、实时点销售和制造系统，但是最近，它做出了一个显著的进军物联网的举动以利用其基于云的 Azure 平台。被称为智能管理系统（ISS）的平台提供管理从各种各样的设备和传感器产生的数据的软件，不需要考虑它们的生产或操作系统。基于云的 ISS 也提供给其用户大数据分析功能，以通过互联网查询和分析数据。期待它所谓的环境智能（智能 M2M 是指代表人类相互合作），ISS 的发布表明微软期望其在将来成为物联网的综合操作系统。ISS 作为分析平台系统（APS）的补充，通过互联网同时给企业提供了 SQL 和 Hadoop（参看第 9 章）技术，微软称之为大数据一揽子解决方案。微软期待购买或自己制造从可穿戴设备（手表和眼镜）到自动家居系统的不同设备。

也许是占据了利用物联网的最佳位置，亚马逊可以提供各种各样的服务，为大量机器生成的数据提供接口和大数据平台。亚马逊的 Kinesis 通过云计算为企业提供来自亚马逊云计算服务（Amazon Web Services，AWS）的大数据服务，预计能捕捉和管理各种各样从不同类型的传感器和智能设备获得的数字数据。亚马逊能提供的服务甚至比苹果公司更多，它能看到为数百万家庭提供在家购物服务的未来，建立在其 AmazonFresh 平台上，用 Amazon Dash

提供在家进行日常物品采购和送货服务，语音识别和日常物品购物车允许其用户说出产品的名字来放入该物品到其家庭购物车里，然后使用其最近发布的 Amazon Fire 智能电话（为了易于使用，也和 Amazon 的 Fire 电视技术连接在一起）来为所购物品进行支付和设定送货服务。

然而，不论谁控制了这些数据，都需要获取信任，因为可能对于这种类型的智能连接房子最大的潜在缺陷是安全性。不仅企业需要向其用户保证从其家庭获取的个人数据会保持私密性，而且它需要保证连接房子的系统不会被侵入或受病毒感染。对于物联网来说，有一个协调平台可能是有利可图的，但它不一定是件容易的事。

汽车

如今，大多数的新车已经拥有数量惊人的微处理器和传感器，这些设备从引擎及电气系统收集数据来定位和设定驾驶模式。当结合 GPS 导航、交通状况数据和车对车的识别及规避时，这些新的智能汽车技术有望形成新的数字数据生成和收集的滚滚洪流。

平均每辆车中有大约 50 个不同的电脑系统，这种非同寻常的数字数据输出水平不再只属于一级方程式赛车。以一辆奔驰 S 系轿车为例，它已经配备了立体相机，每小时能产生大约 300GB 的数据。2014 年奥迪的 A3 系轿车的功能集成了 GPS、社交媒体、应用程序中心和车内高达 8 个独立频道的高清视频流，奥迪采用了 Wi-Fi 系统，可以和其他车、收费站及车库直接通信。该公司曾说将会在 2016 年投资大约 170 亿美元在这类大数据技术上。加在一起，2013 年汽车生产厂家在汽车上收集了大约 480TB 的数据，到 2020 年，这个数字有望飙升至 11.1PB（全世界每秒产生大约 350MB 的数据）。

不是只有服务和维护相关的数据在不断地生成。Ptolemus Consulting 集团估计到 2020 年，会有 1 亿辆行驶中的汽车是由第三方主动监测的，它们着眼于驾驶汽车的方式。事实上，它们如同飞机上的黑匣子，如今在美国生产的汽车上普遍存在，也许很快还会变为强制性物品。欧盟已经在考虑要求汽车具备自动 GPS 定位 911 类通知服务，称为 e-Call，同时带有当汽车涉及交通事故时能自动激活的 SIM 卡，让驾驶员确认他们是否需要医疗援助。汽车行业中针对大数据的竞赛已经热火朝天了，这促使大众汽车的 CEO 最近告诫汽车行业不要让汽车成为“数据怪兽”（data monsters）。

还有，汽车保险公司正在努力获得更多驾驶习惯数据。保险公司利用检测超速行驶或野蛮驾驶的系统已经跟踪了超过 500 万辆汽车，因此可以据此惩罚或奖励驾驶汽车的人。比如，美国前进保险公司（Progressive Insurance）为注册的司机提供折扣，让他们的汽车得到所谓的 Snapshot 计划的监控，以确保司机的良好驾驶行为。该计划在白天或是晚上汽车行驶的时候监控里程数、车速和制动模式。该公司已经承认从 160 万客户中收集了超过 1 万亿秒的行驶数据。在欧洲和英国，保险公司已经使用 GPS 和车载“黑匣子”数据来分析交通事故中的故障。英国对此监控行动的接受程度更高，如今只有 2% 的汽车保险公司提供这样的产品，但是在接下来的 3 年里，这个数字预计能增长 15%。

当然，还有联网的无人驾驶汽车。估计到 2020 年，世界范围内有超过 1500 万辆联网的汽车行驶在路上，同时 Booze&Company 估计无人驾驶汽车市场到那时有望达到价值 1130 亿美元。谷歌宣布将生产自己的无人驾驶汽车，到 2017 年可以上路，同时，从沃尔沃到福特，每一家主要汽车生产商都正在开发电脑驱动汽车。Mobileye 是一家生产人工视觉图像处理防撞系统的公司，最近投资了 4 千万美元为无人驾驶汽车创建了一个平台。

无人驾驶汽车所需要的数据能够达到每秒 1GB。在一个依赖汽车的国家（美国人每年平均驾车时间有 600 小时），单单来自美国的数据输出相当于每年每辆汽车有大约 2PB 数据。对个人生成和存储的数字数据来说，数据量已经相当多了。

对于联网家居，安全性是个问题。有了无人驾驶汽车，我们不仅需要信任一个我们无法操控的机器，也需要对汽车自身的系统安全性有信心。这看起来是一个不可能的场景，但是在2013年，远程控制汽车系统的潜在可能成为现实，当时Twitter和IOActive直接合作进行了一个实验，发现有可能直接侵入丰田普锐斯汽车的系统，使方向盘和制动系统失灵。

可穿戴、监控健康的家居设备

传感器的这种扩散意味着围绕着带有内置数字监控和计算能力的可穿戴设备市场正在兴起，涵盖了手环、手表、鞋子、衬衫、腰带甚至内衣。事实上，我们已经毫无违和感地接受了Dick Tracy的两用腕表，它能够给用户提供从视频到位置数据、个人身份识别和在线数据搜索的任何东西。在同样的计算和通信进化力量驱使下，我们从台式机转到了笔记本电脑，又转到了手机，整合和小型化会带着我们继续转到腕表或眼镜这样的便携水平。这些小型化的技术具有方便和能够在使用者移动时提供实时、免提信息的优点，其缺点便是到达一定的小型化水平后，难以输入数据。这是开发者正在转向语音识别、虹膜控制或倾斜的头戴式技术以及把设备绑定回用户的智能手机上的原因。

对可穿戴设备的兴趣来自不同企业，范围从传统的手表生产商到像耐克那样的体育运动集团，每周都有不同种类的想法和设备蹦出来。其中一个最著名的、更具争议的新型可穿戴设备是谷歌眼镜（Google's Glass）技术。智能眼镜在智能手机技术水平上迸发，基于一个微处理器之上，在镜片的上半部分嵌有一块LCD显示屏，谷歌眼镜也提供摄像头和摄影机，也有虽小但在不断增加的应用程序列表。基于眼镜的相同技术能够检测眼睛和眨眼动作，以警告你是否要睡着了。而且，更有意义的是使用面部识别或移动电话号码以及其他技术，能够给用户提供互联网搜索和其他能力，以能识别（和告诉他们所有的一切）他们可能会在聚会甚至街上碰到的人。

尽管一些新技术只关注那些装有 SIM 卡的设备，这些设备可以连接移动互联网，与音乐、搜索、GPS 和其他一些像里程表这样的独立运行监视器连接，但是所有这些可穿戴技术将来可以通过用户的智能手机，被捆绑成一个单一、集成和无所不包的操作系统。这很有可能，而且必定是那些生产绑定可穿戴技术的厂家的目标。随着它们转向生产集成的产品，可以用来记录生命或监控生活，包括我们与见面和交谈的人的视频、位置和完整记录，也许所有这些都将会成为未来数据生活的一部分。

由于世界人口持续老龄化，同时寿命更长，就可穿戴设备来说，一个关键的增长领域会是个人健康护理。这个过程伴随体育运动和健身锻炼，在这两个领域中，制造设备来监控个人运动及活动程度是相当容易的。但是，存在更广泛的机会来适应这些技术，那样它们可以为幸福和健康提供详细和不断的监控，并存入已被称为生命日志的东西里。利用从臂带、手表和 T 恤上可以追踪脉搏、血压或心跳的大量技术，如今我们正处于这样一个位置：利用已有的技术，监控从睡眠到我们摄入和消耗的卡路里的所有数据，文胸和腰带能自动提醒我们体重的增加和减少。已经有一系列“智能马桶”，可以记录水合作用及维生素水平。

很多人认为智能服装尤其有前景，也许在几年里会有配备标准，低成本的信标允许父母追踪和监控他们的孩子。事实上，人类作为移动发射器的想法现在正在实现；根据法国研究员的说法，有可能会有这么一个市场，将来利用嵌套在我们衣物中的传感器和设备作为本地 Wi-Fi 节点的路由器。用这种方式，人类将在本质上成为一个网络的发射器，不仅仅接入到一个节点，而且真正成为该节点的一部分。

这种程度的监控听起来似乎还有点遥远，但它已经实现了，而且已经用了一段时间了。最好的例子就是英国奥林匹克自行车队，它们的高科技赛车在踏板和轮胎上装备了传感器，不仅用来收集速度数据，也收集运动员每一次踩踏板时的压力数据。数月中每一次训练和每一次比赛中收集的那些数据和其他数据，如这些由运动员自己穿戴的设备监控的数据：心跳、血压、体重、呼吸和睡眠程度整合在一起。但它们不是就此作罢，它们还使用可穿戴设备记录周围的世界，包括气温、湿度、空气质量。它们甚至分析每个运动员的社交媒体记录以发现情绪变化。苹果公司和三星都在积极努力地在它们的移动设备上采用这种类型的技术，谷歌甚至聘请了苹果公司的董事长和美国基因泰克公司（Genentech）的前 CEO 亚瑟·莱文森（Arthur Levinson）来做谷歌的健康风险项目 Calico。

还不确定公众会不会普遍接受生活方式监控的程度，但奇怪的是，这种类型的数据也许是像谷歌这样的集团的雷区，它们也会想以某种形式使用这些非常私人的数据或把它们传给广告商或其他第三方。尽管健身设备较少受监管，在定义和数据上重叠的部分并不明确，个人健康和医疗数据也是美国法律中严格处理的少数几个领域之一。类似谷歌眼镜私自拍摄照片或者对谷歌眼镜使用者正在看着的人进行录像（那些人或许都没意识到他们正被录像）这样的做法，甚至对于一个已经习惯个人数据交换程度很高的社会来说，也许都有些太过分了。

目前一切还处在初级阶段，有许多人对这种类型设备的需求持怀疑态度，但是无论是设备制造商还是开发者都把可穿戴市场看作一个大生意。如今，可穿戴的当前销售额显示这个市场大约价值 20 亿美元，到 2018 年，将增长到 80 亿美元。

无人机技术

无人机不是那种大家所认为的用户友好的东西，它除了监视个体的移动外，还可以发射导弹。这个技术能够有许多有益的用处——从环境建模来搜索和救援到作物监测。谷歌对这个领域一直有意。它们买下了 Titan

Aerospace，这是一家生产太阳能供电无人机的公司，以扩大其正在进行的 Loon 项目，此外，这个项目也涉及高空气球。对于未来发展，Facebook 有类似的计划，根据《金融时报》（*Financial Times*）的报道，它已经从美国航空航天局（NASA）的喷气推进实验室聘请了自由空间光学专业工程师，加入 Facebook 互联实验室项目，确认了 Facebook 正在无人机、卫星和激光上进行投资，作为未来平台的一部分，这个平台涉及在卫星和无人机之间发射通信激光。作为其中一部分，在 2014 年，Facebook 花费 2000 万美元收购了另一个无人机制造商 Ascenta。

这些公司也许在所有这些领域上有所计划，但是更可能的是，它们（如谷歌所建议的）只是寻找方法来放大和接续互联网信号和本地 Wi-Fi 信号到密集的宽带使用区域或那些互联网信号总是断断续续或没有信号的农村区域。虽然谷歌的谷歌有线节目（Google Wired program）在美国的大都市区域取得了一些成功，但是它也从其安装传统基础设施（埋设光纤光缆）的工作中了解到了不少问题，特别是在那些已经建好的区域或其他国家。为了将来能够扩大其用户基数和扩展其影响半径，大容量的互联网访问是至关重要的，而且也许无人机、气球或谷歌自己的卫星将是必需的，它们也将作为谷歌全球扩张的一部分。

亚马逊也在 2013 年宣布它正在开发一个空中无人机计划。它甚至建议无人机在五年内被真正用于送货上门。尽管它的说法被认为是圣诞节期间的夸张营销手段，但是它的想法并非难以实现；无论无人机的投送能力如何，亚马逊的项目极可能和谷歌及 Facebook 的目的是类似的，即提供辅助和私人基础设施来扩展亚马逊对互联网的控制。

协议与标准

如果多个品牌和技术（从厨房电器生产商到温控器、从汽车到数据处理的胸衣）能够使用户以整体寿命的角度来看待世界，那这个产业必须同意允许数据协调、整合以及跨不同技术类型和平台的比较方式。这不是传统上已存在的东西和创新者已经擅长的竞争，可以参考 BetaMax 和 VHS，或 iOS 和 Windows 之间的关系。

也许让人惊讶的是，在一定程度上，这种类型的合作已经发生了，把现有的移动电话和应用程序市场的必需结合在一起。预计有不断增长的接入互联网设备的需求，在 2012 年引入了互联网协议版本 6（IPV6），它提供一个架构，为每个独立的元件甚至独立的零件，事实上一个任何尺寸，能够产生一个电子识别标识或通过近场通信识别技术标上记号的物体分配一个独特的数字标识。这意味着物联网，所有的物体（甚至可以想象到原子的程度）能被分配到一个独特的数字标签，使得该物体能被普遍地识别。

这也意味着特定产品数据——保修信息、性能数据、维护记录、出售日期等，能够全部以数字化形式和物体对象直接关联，或是利用嵌入技术，或是一个简单的近场通信智能标签。这个，反过来说，允许使用智能手机和近场通讯类型的扫描技术识别、验证和数据读取几乎任何一个物体。所谓的身份管理，这类数据的标记是能够允许在网络中机器与机器的识别和通信的重要的第一步。这可能是革命性的，因为它把“智能”植入了智能部件，用来把数据附加到一个物体上并随着供应链移动而更新有关该物体的周围环境、位置、价格、发送者和接收者，甚至是正确安装的视频信息。

苹果公司很快就利用了协议的优点。它已经开发出来一种新型低能量发射识别技术，称为 iBeacons，利用了蓝牙低功耗技术，同时正被内置到大多数的苹果产品中。这意味着 iPhone 用户（或者至少是他们的设备）将能立即被其他用户识别，包括苹果商店的员工。这也意味着 iPhone 能采用近场通信技术来扫描物体，不只是读取附加在物体上的信息，也可以立即订购该产品，同时那些数据将被确认和电子化记录。这是自动补货和支付系统的重要组成部分，苹果公司正在开发它的在线商店和基于电视的在线服务。

类似的，一个包括高德纳咨询公司、英特尔、IBM、思科公司和 AT&T 在内的行业强手联盟，在 2014 年春季宣布了工业互联网联盟（Industrial Internet Consortium）的形成，这个技术标准团体将会朝着开发兼容的工程、通信和数据交换而努力，这些是为主要的工业行业，如炼油和制造行业使用的传感器和计算系统服务的。白宫和其他美国政府机构已经赞同和支持了这个（全美）标准团体的形成，毫无疑问，这些创始成员将在世界范围内的工业互联网标准的开发上产生巨大的影响力。

随物联网而来的安全障碍

那些能够为数据提供强大接口的企业有潜在的巨额资金。麦肯锡最近预测，到 2025 年，物联网将每年产生 50 亿到 70 亿美元的市场。但仅仅因为这些行业巨头认识到在系统之间交换数据的需要不意味着物联网是突然闯入生活中的。还有不少严重的技术和安全障碍需要克服。

正如先前提到的，家用电器制造商也许不是特别善于从冰箱或家用空调那里拦截恶意软件，黑客有可能打开或关上一个完全有线联网的物联网家庭里从烤箱到烤面包机的每一样东西。这种安全漏洞不仅会破坏家庭，也会危害整个电网。如果谷歌的自动驾驶汽车发生碰撞会出现什么状况？当基于互联网的心脏监视系统失效时（或者，当美国前副总统迪克·切尼担心的外部恶意输出的代码侵入某人的联网监控和控制的心脏起搏器成为现实时），谁该负责？

就算把这些安全问题放一边，无论谁成为物联网的守护者都将不得不考虑这些问题，因为把所有这些元件和系统捆绑在一起可不是件容易的事。首先，不同的系统和元件自身有实际的操作管理。用户能够积极地通过互联网管理他们的不同设备，他们也期望有一个可以信赖的系统，有能力控制、检查、排错（甚至维修）住宅和满满一车库的联网元件。为了让用户能做到这些，平台集成商将需要提供协调软件系统，该系统需要有能力管理从机器数据识别到停电的所有事情。

谁有这个能力来提供这样一个包罗万象的平台？

显而易见的，控制自身拥有的硬件和软件更容易些，那也许是谷歌正在进入硬件和设备领域，从发展机器人到发展智能温控器的原因，那样的话它能够开始采用物理的（也是逻辑的）控制元件，最终提出管理要求。对谷歌来说，这个可能来得更自然些，因为这种类型的协调本质上是它对互联网所做的，它们协调访问网站，而不是恒温器或警报系统。谷歌也能利用同样的消费者数据 / 数字广告业务模式，这些已经在过去的 10 年里在互联网上为它工作得相当好（很赚钱）。它们甚至透露在 2014 年给美国证券交易委员会（SEC）的一封信中承认到，将来谷歌“（只是可能）能够在冰箱、汽车仪表盘、温控器、眼镜和手表上提供广告和其他内容”。尽管随后它发表了声明，说这些只是可能，不是谷歌产品线路图上必需的，但是潜台词是明确的。甚至还有关于谷歌的这个说法：谷歌有能力提供“强化推广活动”，它将维持覆盖其用户多个家用设备、汽车和移动电话的统一营销活动。

当然 Facebook 也认为它自己履行了协调作用：在移动设备上通过一个 Facebook 页面提供单一的登录方式，可以让用户使用所有的应用程序、分析必要的通信来管理家里和汽车以及维护整个生命周期里的数据。正如我们已经看到的，亚马逊和苹果公司都想帮助协调一个有线联网的家庭（直接链接到它们的网上商店）。

但是成为这个层次的在整个生命周期监控的个人数据（从住房安全设置到健康数据）的单一接口涉及客户关系程度，甚至会超越用户拥有的社交媒体关系。消费者可能感到警惕，要运行这一层次的监控（特别是如果是存储在供应商基于云的系统上）需要更强的保证，确保个人数据将被严格保密。

这使得互联网科技企业希望控制网关使他人难以获取个人数据。它们非常清楚地知道这类深层次的个人数据：其用户日常生活各个方面的详细监控，对它们来说是潜在的金矿。如果它们真的相信它们所说的关于高度个性化的市场营销对用户来说是好事的话，那么它们会不遗余力地去收集、分析、检定和出售那些个人数据给广告商和其他感兴趣的第三方。

第 8 章
数据收集者

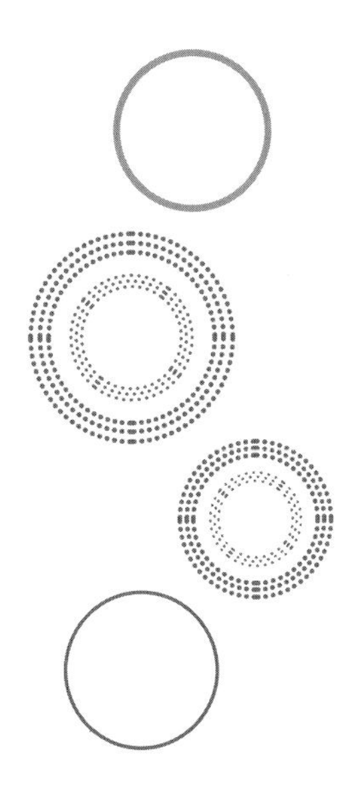

- 随着与消费者相关的数据量的增长，一些企业已经开始专注于收集、汇总和销售这些数据以盈利，这些企业有：
  - 互联网科技公司
  - 信用评级机构
  - 零售商
  - 小型在线数据追踪公司
- 这些公司都使用 cookies 或其他跟踪技术来追踪用户的线上活动。
- 在线客户数据正在被一种称为数据加载（data onboarding）的合并处理方式与商业客户数据合并在一起。

到目前为止，我们已经着重研究了大数据现象正在发生的原因，在商业互联网和新兴的工业互联网以及物联网上正在产生的数字数据来源和数量。但是回顾我们对大数据的定义：收集各种来源的大量数字数据并应用复杂的分析，我们现在转到大数据现象的另外一面，看看谁在收集所有数据以及他们在用数据做什么。

消费者数据的来源

大量数据计算有许多用途。正如我们所看到的，它可以作为用来分析流行病学或基因研究的大型数据集的有价值工具。多年来，它已被用于金融服务和银行业，来帮忙处理实时市场数据。这些都是专门从事结构化的数据和专用于分析复杂网络的服务器工作组。在大多数情况下（有少数例外），它们并不搜寻各种各样的非结构化的数据，而是通常能在互联网社交媒体中或通过在线活动监控找到个人数据。虽然（这些行业）经常被认为是大数据很好的例子，在大多数情况下，它们都在谈论更多的计算甚至更好的计算，都在使用更多的数据，但它们没有在真正谈论大数据。

事实上，如今有兴趣收集大数据的大多数公司没有试图解决复杂的科学或与健康相关的问题，也没有试图对实时的商品价格采样。在垂直行业，也就是数字处理水平是其成功不可或缺的行业，比如遗传学、金融服务、保险或工程，没有导致与数据相关的新技术的爆炸性发展，也不是至今我们一直在谈论的对此非常感兴趣的投资者。说实话，尽管在科学、工程、经济学这些更专业的领域（大数据）有其独特的价值，但如今当人们谈论大数据时，我们可以确定他们在谈论将这些原则以及大量的金钱和技术应用于一件事：具体来说，是对个人数据的收集和分析。

公司需要收集和分析个人数据的一个主要但不完全的目的是支持数字广告，这是一个相当新的现象。直到最近，广告的主要形式还是邮寄传单、报纸、电视和电台广告，这些广告大部分是吸引普罗大众的。这些广告的诱因通常是价格：大减价和优惠券被用作赔本赚吆喝的手段，吸引顾客进店。任何比这更复杂的广告（如产品差异化和品牌知名度）则留给了麦迪逊大道的广告客户通过包装、歌曲、口号和更广泛的全国性的活动来追求。尽管有调查和焦点组测试，但事实上除了在一般层面上，公司无法了解哪些广告有效，哪些广告无效。即使广告公司能够知道如何使自己的产品吸引一个 35 岁环保意识强且拥有人文科学高等学位、有三个或更多孩子、通勤超过20英里[①]、喜欢有机食品的离婚女人，但还是没办法确定她是谁，也没法确定如何按她的兴趣为她定制广告。

能够在个人层面给潜在客户定制广告的想法根本没有人去考虑。而这正是大数据的用武之地。它不是大数据现象开始的地方（科学和工程），它可能不是大数据能够最大限度地帮助人类的领域。但是大多数观点认为它可以为大多数人赚最多的钱，因此这就是现在技术和经济动态上的焦点。

要了解个人数据被捕获的程度，我们需要看四类群体。互联网技术公司肯定榜上有名，但它们不是唯一的。它们与其他三类重要群体：数据经纪人，零售商和小型数据跟踪公司有竞争和协同作用。

信用机构、数据经纪人和信息经销商

虽然通过互联网收集个人数据的基础设施最近才开始出现，实际上，有一类公司长期以来一直在收集大量的个人数据，这就是信用机构。

很多人还没有听说过 Equifax、TransUnion、Experian、FICO 或者 Acxiom；如果听说过，也通常是因为在申请信用卡、贷款或抵押时需要通过它们来检查信用评分。根据美国国会 1970 年通过的《公平信用报告法》（*FCRA*），这些消费者报告机构受美国联邦贸易委员会（FTC）监管，它们最初的任务是公共服务：收集公民数据，并给予无利益关系、给个人信用评分的第三方机构。

美国国会要求这些信用报告机构（CRA）收集关于个人身份、收入、消费习惯、开支票历史、犯罪活动和信用记录的数据，目的是通过验证申请信

① 1 英里 =1609.344 米。——译者注

用卡、抵押、保险等的信息来防止金融欺诈。近 45 年来，这些信用报告机构一直在收集美国几乎每个人的数据：他们的身份（年龄、性别、种族）、就业状况、收入和支出、重大采购、信用、犯罪活动、结婚、离婚协议和出庭记录。这些数据是不公开的，只能提供给获得授权的金融集团，并由个人消费者进行审查和更正。现在的情况仍是如此。

但是有一个漏洞：美国联邦贸易委员会的数据隐私要求仅适用于《公平信用报告法》的交易，这意味着，只要它们没有涉及《公平信用报告法》的信息请求，这些信贷机构就有可能自由地出售它们所收集到的数据给几乎任何人。越来越多公司很快意识到如果它们增加其他来源来加入它们的数据库，然后在非《公平信用报告法》相关的交易中把这些信息出售给广告商、零售商或收款公司，就能赚很多钱。在许多方面，这些评级机构是围绕大数据现代个人数据收集的先驱；像谷歌或 Facebook 这样的公司，可以将个人化数据的采集扩展到互联网和数字广告领域。

很快这些信用报告机构开始收集来自任何一个可能来源的个人数据：零售商、公共记录、信用卡公司和银行等。它们购买了零售商会员卡项目的整个数据库。在认识到医疗信息（为保险公司、老年护理服务，以及产品制造商所用）的市场之后，它们专门收集医疗相关的个人信息，包括病情、医生、治疗方案、药店或药房购药记录。它们收集人们给哪些慈善机构捐助，订阅了什么报纸、书籍、杂志和期刊。而随着互联网和电子商务在世界范围内的普及，消费者报告机构开始直接从网上零售商、搜索引擎那里购买信息，与此同时，无数的互联网数据跟踪公司在网络世界中涌现。

信用报告机构（有时也称为数据经纪人或数据整合公司）现在有千百万人的详细的档案：我们的工作、我们的收入、我们的花费、我们买什么、我们住哪里、我们开什么车和我们的政治党派关系。虽然信用评分和医疗记录的保密性仍受到法律的保护，这些数据整合公司已经把它们的服务扩大到了销售个人档案：通常是把一个人划分到一个社会经济群体中，并用一个简短的词组残酷地描述事实——“精明的个人”“农村困难户”“二线城市贫困线水平”或者“严重依赖信用额度的城市家庭”。

2000 年后不久，我促成了与这些机构中一个执行团队合作的战略工作坊，在一家不起眼的酒店里的一个不起眼的团队让我感到惊讶，它们说它们已经知道我的一切，甚至我眼睛的颜色。我不相信，但事实证明的确是这样（它们通过驾照收集驾驶者眼睛的颜色）。在那时，它们就已经为数以百万计的包括美国和世界各地的家庭和个人编制个人档案，以战略的眼光从信用机构转型成为今天强大的数据库营销者。它们正处于预计有 1500 亿美元市场的美国行业领导者行列，这被称为基于数据库的营销。这是大生意，有大钱可赚。

例如，总部位于阿肯色州康威的 Acxiom 信用机构在 2013 年赚了 7726 万美元。Acxiom 拥有 23 000 台计算机服务器，每年完成超过 50 万亿次的数据交易，不断更新全球超过 5 亿人的人均包含大约 1500 个数据点的档案。据报道，它们拥有世界上最大的商业消费者信息数据库，它们使用其 PersonicX 分类系统对所有这些个人进行评分和归档，该分类系统将消费者划分为 70 个社会经济“群落”，其中有 1.9 亿个个人是在美国。客户可以按个人或家庭购买这些数据从而直接添加到自己的营销数据库中，或者 Acxiom 将为他们维护客户数据库（就像它们对 47 家“财富 500 强”公司所做的一样）。

总部设在明尼阿波利斯，但活跃在 90 多个国家的 FICO（前身为 Fair Isaac 公司）是另一个大型信用机构。2013 年，FICO 报告其收入超过 6 亿美元。根据其根源，它仍然是最强大的信用机构之一，但该公司已经建立了一个基于 Hadoop 的“分析云”，并在 2013 年购买了 Karmasphere 的大数据分析软件以向其他公司提供基于云的 Hadoop 分析功能，用 FICO 的话说，以“加快各种规模和所有行业组织的大数据分析的民主化和广泛采用”。加上 Experian（第二大信用机构，年收入近 40 亿美元）和 TransUnion（第三大信用机构，年收入 10 亿美元），这四家公司不仅控制美国的大部分信用评级业务，而且他们拥有比美国国家安全局更多的数字化个人信息。

但并非所有的数据整合公司都起源于信用机构。还有许多数据整合公司，比如 Thomson Reuters' Westlaw、Infogroup、LexisNexis，都是起源于和印刷品或电脑目录（检索）有关的产业。一些机构专注于收集特定数据源的数据。例如，Datalogix 从商店会员卡收集信息，跟踪针对 1400 多个品牌的个人消费。英国最大的价格比较网站 Moneysuper-market.com 收集了近三分之一的英国人口（21 万用户）拥有的 15 万辆汽车和 14 万所房屋的数据。它预计 2014 年可以通过向保险公司销售趋势数据收入 1000 万英镑。信用卡公司几十年来也一直在收集其客户的社会经济数据。

当然，还有无数小的名不见经传的数据整合公司，利用搜索和数据识别工具来收集个人的数字数据并销售这些信息。像它们的信用机构同行巨头一样，这些新的数据整合公司用了新的大数据技术和挖掘到的目前对他们可用的大量数据源建立了自己的专业产品：对个人姓名、地址、社会安全号码（SSN）①、手机号码和与他人的关系进行收费式的交叉匹配，然后揭示他们生活中的一切，连他们自己可能想忘掉的，从犯罪历史到破产，从离婚到民事诉讼的信息。所有这些信息，无论准确与否，都在互联网上标价出售。

就业分析是快速增长的领域之一，例如像 Evolv 这样的公司帮助客户分析潜在员工的技能和工作经验，部分分析来源依赖于社交媒体数据（例如，它们声称拥有两个社交媒体账户的人比有更少或更多的账户的人表现更好）。它们的销售额从 2012 年到 2013 年增长了 150%。芬兰的 Joberate 公司采用了类似的方法扫描了大约 6000 个在线渠道，以确定何时潜在员工不满意自己的工作或正在找工作（它们也把软件卖给人力资源人员，使他们能够监控自己员工的社交媒体活动）。

很遗憾的是，由于大数据分析的应用和对个人隐私及法律的忽视，这些

① 相当于美国的身份证号码。——译者注

第三方也可以推断出一个人是否有糖尿病、有身孕或被强奸，这已经导致许多公民自由团体（向社会）施压，要求这类的数据交换有更严格的法规管理。这是令人担忧的发展，因为互联网对个人资料被滥用及公开的控制很少。在 2013 年美国参议院的证词中，参议员们被告知数据经纪人“出售关于任何人的任何信息，不论其敏感程度如何，都是 7.9 美分一个人”。这一领域正受到日益关注，更多细节详见本书第 11 章。

互联网技术公司

你第一次听说大数据这个词可能和搜索引擎有关，比如谷歌或雅虎。这可能是因为这些搜索引擎首当其冲地因跟踪我们的网上活动而臭名昭著：获取 IP 地址，并记录所有搜索和网站访问。它们解释说这种跟踪是必要的，这为搜索引擎提供了频率和相关性的逻辑以提高它们的效率，这也是它们广告收入的基础，通过将赞助公司的链接置于搜索结果珍贵的首页位置来收取费用是广告收入的来源（付费最高的广告主以蓝色突出显示，以将其标识为付费优先级）。

这种组合的搜索、存储和广告逻辑都与一种名为 cookie 的小段电脑代码有关，因为它们最初像一个含有字条的幸运饼干[①]而得名。它在用户访问搜索引擎的瞬间自动嵌入用户计算机。大多数搜索引擎存有 cookie，正如大多数浏览器一样，而这些浏览器都是搜索引擎旗下的（即谷歌的 Chrome，微软的 IE 浏览器），并往往被设计为尽可能多地收集用户信息。浏览器 cookies 具有吸引力的部分原因是，它们可以为用户提供其访问网站的历史，因此用户总是可以单击后退键重新访问以前的网站或返回想去的网站。随着电子商务的

① 幸运饼干是美国华人餐馆的饭后赠品，中空并藏有字条。——译者注

扩展，这些 cookie 有着比带给用户便利性更重要的作用，因为它们允许在线购物者记得他们浏览和保存在购物车内的物品。

在 20 世纪 90 年代后期（第一个 cookie 是 Netscape Navigator 1994 年开始使用的）cookie 的性质被了解之后，隐私权倡导者发出了少量的反对声音。我们也开始认识到搜索引擎可以使用这些相同的 cookie 来识别用户 IP 地址，并在某种程度上监视网络搜索和跟踪个人的在线活动：使用什么搜索词，访问了哪些网站。但是搜索引擎，特别是谷歌，对这些批评避而不谈，并向公众保证这些数据不是个人身份识别（cookie 只包含注册的 IP 地址），并且是匿名收集的，也不会涉及我们的名字，因此它没什么用。此外，我们被告知，只需简单地关闭我们的浏览器就可以删除或"清洗"这些 cookie。

自发展早期，谷歌、雅虎以及微软后来的必应，已成为最强大的通用英语搜索引擎，但正如我们所看到的，其他国家也发展出了类似的搜索巨头，如中国的百度、日本的 goo 以及韩国的 Naver。对特定领域的搜索引擎也已经在世界各地大量出现（关于所有门类的搜索，从新闻到找工作，从医学到游戏）。但也有一些早期的搜索创新者，比如结合了搜索、新闻以及门户网站广告的美国在线（AOL）、Dogpile、Lycos 和 Excite 一直知名度不高。其他像 NorthernLight 或 Infoseek 没有大数据技术，也没有重点收集必要的客户数据来帮助它们维持度过搜索广告的早期、低收益时期。几乎所有这些搜索引擎使用 cookie 跟踪监视搜索词。与此相反的一个明显例外是搜索引擎市场的新秀 DuckDuckGo，它逆流而上，依靠不跟踪用户搜索而树立起自己日益增长的声誉。

cookie 是什么

cookie 是小的数据文件，这些文件在每个用户访问网站时被“镶嵌”到计算机中，给用户分配唯一的标识符，包括用户的 IP 地址、时间、所使用的浏览器以及用户的大致位置。这些 cookie 用于跟踪并记录用户在网站上的活动，或存储登录信息、密码或信用卡信息，因此它可在用户再次访问网站时使用。cookie 是保存在用户的浏览器目录中的文件，用户需要使用某些软件才能清除浏览器或者插件上的 cookie。如果 cookie 保留在计算机上，用户每次重返网站时浏览器就会将 cookie 发送回网站的服务器，网站服务器检索到用户的上次访问该网站记录，加上用户新的活动，从而建立针对给定 IP 地址的档案。

HTTP 或浏览器 cookies 有时被称为第一方 cookie，因为它们来自用户正在访问的具体网站。第三方 cookie，有时也被称为永久性 cookie，是热门网站上广告投放公司的一个文件，它通常（但不是排他地）被“镶嵌”到用户计算机上。

在用户继续访问其他网站（通常在其他网站上，公司有一个匹配的网络窃听器或提供类似的广告）时，第三方 cookies 跟踪用户的在线活动。第三方持续跟踪 cookie 收集和储存用户在多个网站在线活动的数据，这种 cookie 被称为“永久的”，因为有时即使用户改换或升级他们的浏览器或甚至改变互联网服务提供商，它也可能持续跟踪用户多年。只要将来用户的 IP 地址在任何广告投放公司的网站被识别，那个 cookie 会和配置文件进行匹配（历史信息），并把定向广告送达用户。

然而，每当用户在一个网站上注册或提供个人身份信息，他们的身份可以与那些永久性 cookie 匹配，这意味着一旦一家公司或网站知道用户的真实身份，其他参与的公司也可能会同步 cookies 来识别个人身份信息数据。在大多数现代浏览器的隐私设置里提供阻止第三方追踪 cookie 功能，但通常需要由用户激活。

DIGITAL EXHAUST

在隐私条款里，谷歌解释了如何从一个通用 DoubleClick cookie 记录数据。它看起来是这样的：

time: 06/Aug/2008 12:01:32

ad_placement_id: 105

ad_id: 1003

userid: 0000000000000001

client_ip: 123.45.67.89

referral_url: " http://youtube.com/categories "

这是告诉 DoubleClick 你看到广告的时间和日期。它还显示：

userid：cookie 给你的浏览器设置的唯一识别码。

ad_id：广告的唯一识别码。

ad_placement_id：关于广告出现在网页哪个部分的识别码。

referral_url：你看见这个广告的所在网页。

世界上绝大多数的其他搜索引擎使用这些 cookies 来追踪用户在网站上的“流量”模式，并监控用户对它们的广告，通常是在搜索网页或网站的主要门户上投放的广告的反应。例如，谷歌在 2008 年收购了 DoubleClick，在自己的网站上使用这一软件，并将其提供给网站发布商（这样它们可以追踪自己的网站广告浏览量）和广告商（使用它来监控它们在多个网站上的广告浏览量）。使用 DoubleClick 让这些团体能够针对广告追踪用户（除邮政编码匿名外）的 IP 地址，记录广告被看到的时间和日期，以及该广告在该发布商网站上的位置。谷歌还经营着被称为 AdSense 的广告网络服务，鼓励发布商汇总它们跟踪收集到的信息来寻找更广泛的趋势。类似的，谷歌的 Analytics 工具，让网站发布商来监控哪些用户（再次说明，只通过 IP 地址确认位置）访问了它们的网站，以及他们在网站上浏览些什么。只要用户访问一个网站，或通过浏览器匿名地点击广告，这些工具仅基于传统的 cookie 跟踪技术和用户的匿名 IP 地址来收集搜索词、网站访问和广告兴趣方面的趋势级别数据。

但是，恰如其分的搜索引擎的存在时间也许屈指可数，因为形形色色的互联网公司，特别是这些强大的搜索引擎，已经开始追求使它们能够收集有关其用户更多的个人身份信息的策略。越来越多的警告出现在它们的使用条款中，解释如果用户自愿披露信息，它们就有权对用户的活动进行识别和收集个人资料（不仅与匿名 IP 地址相匹配，而且根据实名或地址进行跟踪）。确保自愿披露信息最简单最有效的方式就是通过会员注册，因为“登录”行为不但承认搜索引擎公司有收集个人资料的权利，而且在用户浏览器中设置 cookies 并针对用户分配唯一的 ID，允许搜索引擎收集和编译所有的搜索活动和电子邮件数据。苹果公司的 iCloud、Facebook、Gmail、Chrome 浏览器、Google+ 或任何其他需要登录的服务网站都是如此。

DIGITAL EXHAUST

电子阅读器

基于云的数字图书馆服务是数字追踪的最前沿。大约五分之一的美国成年人使用电子阅读器下载书籍和期刊，像亚马逊、Barnes&Noble、Copia 和 Kobo 这样的团体都通过它们的电子阅读器收集数据，包括（至少）年龄和性别、他们在读的书、他们在每个标题上花费的时间、他们阅读不同章节的速度，以及如果他们还没读完，已经读到书的哪个位置。然后，这些数据被出售给出版商，但对于如何共享读者数据，与谁共享，用户并没有和这样的团体达成共识，并且其通常无法选择退出监控过程。

它们能够跟踪图书查询吗？

Google Books	Amazon Kindle	Barnes & Noble Nook	Kobo
是的 使用IP地址记录所有搜索数据。如果用户登录谷歌，则会将搜索与用户的谷歌账户相关联。如果未登录，则不会将搜索与用户的账户相关联。	**是的 / 不清楚** 记录在该设备上查看或搜索的商品数据，并将数据与亚马逊账户相关联。搜索Inside Book功能需要登录到亚马逊账户。不清楚对于在亚马逊以外的网站上执行的搜索是否也被反馈给亚马逊，但隐私条款没有排除这种可能性。	**是的 / 不清楚** 隐私条款表明在Nook中进行的搜索可能未被记录，但是B & N通常记录在B & N网站上进行的搜索和浏览的页面的数据。B & N没有透露是否将图书搜索与用户的账户（如果已登录）相关联。不清楚在除B & N之外的其他地点进行的书籍搜索是否也会被反馈回来，但隐私条款没有排除这种可能性。	**是的** Kobo似乎能够追踪图书搜索，因为有证据表明它与第三方机构分享了搜索信息。

以上是2012年版电子阅读器隐私表，由电子前沿基金会发布（https://www.eff.org/pages/reader-privacy-chart-2012）。

以谷歌的免费电子邮件服务Gmail为例，用户给谷歌提供了个人基本信息（包括之前的匿名IP地址，这在注册时容易导出）。他们还承认谷歌有权扫描用户们的在线活动，表面上是为安全起见（识别垃圾邮件和恶意插件），但实际上这个过程也让谷歌能够分析所有传入和传出的电子邮件，以及任何存储在谷歌服务器上的电子邮件，用于关键词和敏感词的分析。虽然Gmail用户已经同意接受谷歌的使用条款，但通过电子邮件和Gmail用户联系的人（可能与Gmail没有任何联系）的邮件，在没有知情和准许的情况下，也被谷歌扫描。此过程允许谷歌不仅可以访问所有这些电子邮件的内容（使谷歌能够自动扫描敏感词得出关系、兴趣等），也掌握Gmail和非Gmail用户信息（发件人的电子邮件地址和抄送的地址）。通过这种方式，就像前面讨论过的数据整合公司一样，谷歌和其他搜索引擎不仅可以对自己的注册用户，还对数以百万计的其他非关联的电子邮件联系人建立配置文件。

免费邮箱不是谷歌和其他搜索引擎收集个人资料的唯一途径。例如，数十万的网站所有者使用谷歌分析（Google Analytics）来跟踪和分析其网站的访客，谷歌则可以访问这些数据。谷歌 Android 操作系统的手机用户可以选择在谷歌备份系统，作为将数据转移到另一个 Android 手机的手段。虽然这可以令用户方便地设置新手机，但谷歌在此期间获得了（得到用户的完全同意）对用户的电子邮件、消息、收藏的网站、联系人列表和密码的访问权限 。谷歌还通过 Google+ 的社交网络和谷歌电视获得大量的用户数据。当然，谷歌自己的浏览器 Chrome，使得公司能够把搜索和浏览器的功能整合在一起，避免其他浏览器，如微软的 Internet Explorer 或苹果的 Safari 浏览器可能出现的违反数据隐私的规定。 Chrome 浏览器令谷歌能够追踪用户的非搜索访问（因为如今用户经常在移动设备上使用应用程序，并不一定需要通过搜索引擎工作）。谷歌也是其他如 Firefox 浏览器的默认搜索引擎，反过来，它从谷歌获得的收入，占其收入的 85%。

不单单是谷歌转向收集可识别个人的数据。在 2013 年失去美国第二大数字广告商的宝座之后，雅虎正在推动其 8 亿邮件用户注册一个 Yahoo! ID 以使用其如照片共享 Flickr 软件的服务。注册涉及从姓名、出生日期和性别，到职业、个人爱好和资产，甚至社会安全号码。根据雅虎的服务条款，所有这些非匿名信息都是可以与“信赖的合作伙伴”共享，它们“可能会使用您的个人信息帮助雅虎就关于来自我们的营销合作伙伴的优惠进行沟通”。它们还要求用户在它们的智能电视平台进行注册，以监控在线流媒体节目的选择，然后为用户提供观看及商业建议。雅虎日前宣布，将会在三个月后而不是十三个月后匿名处理个人数据，其中包括页面浏览量和广告点击次数，而谷歌仍然保留 9 个月的期限（它一直保留权利长达 18 到 24 个月）。必应将个人资料保留 6 个月。

电子商务的大型零售商如亚马逊所采取的方法和雅虎是相似的。亚马逊为其用户提供与强大的谷歌或雅虎搜索引擎同级别的搜索能力，帮助用户在其不断增长的库存目录中搜索产品。它们还在此搜索过程中利用 cookie 来识别在线购物者的电脑，同时利用点击流追踪技术来监控购物模式。这没有什么争议，因为这些细节是在线购物过程中不可或缺的，亚马逊还收集用户的个人详细信息和购买偏好。这意味着亚马逊收集着 1.5 亿客户所关注和购买的数据，无论他们走高端产品还是低端产品的路线，以及他们是否为标准或快递支付额外费用。亚马逊还收集来自其 Kindle Fire 平板电脑、Kindle 电子阅读器以及其智能手机 Fire 的类似数据。

事实上，根据《计算机世界》(*Computer World*) 一书的作者迈克·埃尔根 (Mike Elgan) 的说法，亚马逊最近发布的 Fire 手机是"有史以来最有效的能够从它的拥有者那里获得个人资料的设备"。在这监测过程背后的技术又是亚马逊的萤火虫 (Amazon's Firefly) 声音和面部识别系统，此系统含有麦克风和照相机，通过点击遥控器上的按钮激活，它就可以识别所对准的任何事物：一本书、广播里的一首歌、一块水果、品牌名字，存在于有 1 亿个对象的亚马逊数据库中任何东西。所有这些搜索数据，包括 GPS 坐标、照片和音频片段 (甚至是在后台播放的视频或电视节目) 都会被亚马逊捕获，上传并和用户的个人资料进行交叉匹配，构建一个不断增长的全天候的用户活动、兴趣和位置的画像。

当然，搜索引擎和零售商之间有差异。搜索引擎收集个人资料的部分原因是要出售给广告商，而亚马逊一般用它收集的个人资料来推动它的推荐引擎。苹果公司也有类似的情况，它声称收集用户数据只是为了使客户更容易在线购买苹果产品。

DIGITAL EXHAUST

什么是推荐引擎

大多数人可能会把亚马逊或奈飞公司与推荐引擎联系起来，但各种分析软件产品现在可帮助从保险到理财的各种公司分析客户的历史活动或购买模式来向客户推销产品。作为定向广告过程的逻辑辅助来说，推荐分析允许公司使用客户先前的购买或浏览行为，往往和其他客户（被称作协作过滤）进行比较，来为下次的购物推荐有类似特征（被称作基于内容的过滤）的产品，更复杂的分析产品提供对各种非结构化数据的访问，包括来自客户服务电话的语音记录，以便销售人员在个性化的基础上，针对客户制定销售和市场营销战略。

然而，这一区别可能不再有效，因为在 2013 年亚马逊发布了自己的数字广告网络，它能够向各种各样的在线网站、包括 iPhone 在内的智能手机以及运行谷歌 Android 操作系统的平板电脑等移动设备的移动用户直接发送广告。正如我们所看到的，其他互联网巨头像谷歌、Facebook、微软和雅虎现在都拥有自己的数字广告网络和实时竞价交易，让广告商和开发者来竞价并购买网页上的广告位和广告时段。这是因为在线广告（尤其是移动端广告市场）现在享有 20% 至 30% 利润率（相比之下，亚马逊的在线零售利润率为 4%）。因为亚马逊凭借数以百万计的客户多年的精确浏览和购买记录，知道它可能拥有世界上最好的客户采购兴趣数据集合，这令它对于饥渴广告商来说有一个独特的地位。如果 FICO 知道你的财务记录，谷歌就知道你在网上看什么，Facebook 就知道你的朋友是谁和你感兴趣的内容，亚马逊则知道你在何时何地如何频繁地购买实物。

像谷歌一样，亚马逊已经利用其庞大的全球技术基础设施，转向通过云为各个公司提供远程大数据存储和分析平台。亚马逊云计算服务为企业提供对亚马逊 Elastic MapReduce 平台的访问（利用其 Hadoop 框架），它现在为诸如奈飞公司、Dropbox 甚至美国中央情报局等公司和组织提供“出租”大数据引擎和存储服务。

十年以来，社交媒体 Facebook 一直负责对客户资料收集的革命。最初 Facebook 是针对青少年和大学生的，但它很快被成年人接纳。Facebook 邀请其用户在整个数字世界里与他人分享个人的、私人的，甚至其生活中亲密的细节。通过整合私人分享的亲密性和社区的开放性，Facebook 已经非常成功地说服了全球用户放弃对个人数据的小心谨慎。“交友”背后的想法是非常天才的，因为这个过程使之成为社交竞争，要链接到尽可能多的人，同时每个这样的链接告诉 Facebook 更多关于用户和被连接到的人在他们“亲近社交”中的信息（这个办法还被诸如领英等公司成功地利用）。

Facebook 至今已经成功利用服务的私人性质转移了一部分对其收集数据做法的批评。例如，Facebook 强调用户使用真实身份。Facebook 在过去不会允许假名或多个账户，这种很常见的网上行为是为了避免泄露我们的真实身份，但是对于那些试图监视我们的行为，这能够淡化和破坏个人数据的准确性和完整性。还有一点，Facebook 甚至试图要求扫描用户护照或驾照。尽管这的确提供了真实性，但也意味着，每星期 Facebook 能够上传超过 200 亿（字节）的喜好、传记、照片和几乎所有其他用户愿意提供的关于他们自己的信息，这些数据直接与真实名字关联在一起（或匿名但与 ID 保持一致）。与亚马逊的真实销售记录一样，在把数据卖给广告商时，这种真实性是非常宝贵的。

Facebook 最具创意的想法之一是设计出社交插件，比如点赞、订阅或在其他网站上存在的发送选项。这些社交插件存在于互联网成千上万的网站中，它们吸引其他网站的原因是这可以令网站有机会向 Facebook 的用户推荐或发送自己的网站、视频、博客。事实上，通过《华尔街日报》最近的一项研究发现，这些 Facebook 的 cookie 和其他跟踪代码存在于 67% 的他们所扫描的最热门的 900 个网站中。Google+ 也使用它们（在同样的研究中，被发现存在于占 30% 的网站中），还有 Twitter（占 54%）。

什么是社交插件

大家都熟悉 Facebook 的“竖起大拇指”（Like）按钮，但 Facebook 还有许多其他社交插件，所有这一切，除了方便了用户和网站所有者，也给 Facebook 提供了丰富的情绪流和个人数据。Facebook 的插件有以下这些。

发送（Send）：允许用户通过私信、电邮、帖子或给朋友的 Facebook 页面发送内容。

喜欢 / 点赞（Like）：让用户与其他用户分享自己喜欢的网页和内容。

活动记录（Activity Feed）：在用户站点显示发生的内容和活动。

登录按钮（Login button）：给其他用户提供登录某个用户网站的网关，并显示朋友的个人资料图片。

评论栏（Comments box）：鼓励浏览者留下对用户站点的评论，并把这些评论转发给朋友，甚至朋友的朋友。

推荐（Recommendations）：展示用户的个性化推荐。

直播流（Live Stream）：为访问网站的用户提供实时评论和活动监控。

谷歌采用了类似的方法：G+ 小工具或谷歌地图在数百万的网站自动嵌入代码，这样每当用户进入网站时，无论用户是否使用谷歌按钮，都会加载这些追踪代码。

这些社交插件也帮助了 Facebook。每当用户登录到他或她的 Facebook 账户，一个 cookie 被置入浏览器并与唯一的个人 ID 匹配，该 ID 将用户标识到 Facebook 并将它们与 Facebook 页面关联起来。如果用户保持 Facebook 账户登录的同时搜索其他网站，Facebook 根据登录 cookie 追踪这项活动。而且，即使用户退出 Facebook，只要他们没有清理自己的浏览器，该相同的登录 cookie 将通知 Facebook 关于该用户在任何相关网站（任何含有 Facebook 社交插件的网站，会因此识别用户的 ID cookie）的存在，即使用户从未点击任何社交插件选项。正如我们所见的，这是被称为第三方追踪的代码。这种信息包括：用户的 Facebook 账户 ID、IP 地址、浏览器类型和用户正在访问的网站。

为使社交插件工作，所有这一切都是必要的：捕获和转移用户的“喜欢”或“共享”选项，并将其返回用户的 Facebook 页面和其他 Facebook 朋友的页面。这个同样的过程允许 Facebook 几乎跟踪其大部分用户的日常网络活动。

当然，Facebook 并不是真的需要跟踪用户收集个人资料，因为用户已经自愿提供所有的信息。但是，用户的好恶有助于 Facebook（现在还有其他商家）根据个人资料决定何时向用户发送什么广告。事实上，这些好恶揭示了大量有关用户的信息。这一点被剑桥大学在 2013 年的研究证实，这些研究说明了使用大数据分析推断出用户属性的程度，引用一个事实来说明就是 Facebook 上的点赞“可用于自动准确地预测一系列高度敏感的个人属性，包括性取向、种族、宗教和政治观点、人格特质、智力、幸福、成瘾物品的使用、父母分居情况、年龄和性别”。

这种技术为 Facebook 提供了大量珍贵的网页流量数据，这些数据和人口地理信息及趋势数据一并出售给广告商。使用 Facebook 复杂的大数据算法等同于一个广告推荐引擎，意味着任何点赞或点击广告本身的用户，都可能在将来被推送类似的广告。这是机器学习的高级形式，以每笔交易以及用户的反应建立起一个更加复杂的用户个人历史。甚至用户的 Facebook 好友成为了针对性广告场景的一部分，因为 Facebook 的系统假设，如果用户认为朋友喜欢某样东西，那么这位朋友很有可能想看看相关的广告。

尽管 Facebook 已经拥有了其用户丰富的信息，它依旧需要用从先前提到过的主要数据整合公司，包括 Epsilon、Acxiom 和 Datalogix 那里买来的信息来扩展这些用户信息。Facebook 受众网络（见第 5 章“从社交媒体到数字广告市场和交易”）意味着广告商能够获得访问更多的数据用于非 Facebook 网站的针对性广告。

然而，为了进军数字广告，Facebook 需要一种机制把广告商指向高度个性化的个人信息而不泄露实际个人详细信息。为做到这一点，Facebook 通过出售附加用户特征的编码标识符创造了“伪身份”层。利用被称为 hashing 的系统，Facebook 加密用户名和电子邮件或登录地址，把它变成一个随机字母数字代码。零售商（如塔吉特、CVS 等）也这样做。然后第三方机构（比如 Datalogix）比较两个匿名串寻找类似的特征（常见的购买、兴趣、潜在的疾病等）。两串信息吻合即存在对其产品感兴趣的人，零售商就会被定向到该用户的 Facebook 站点。

更具争议的是，根据《华尔街日报》的调查，尽管 Facebook 声称没有把电子邮件或个人数据出售给第三方，但如果第三方已有针对性的用户，有他们的电子邮箱地址，Facebook 会直接将第三方的广告发送给 Facebook 用户。无论哪种方式，如果本地汽车经销商或面包店想联络你给你特别折扣券，第二天早上你可能会发现它出现在你的 Facebook 页面上。

大数据与实体零售商

现在我们知道了消费者信用机构和互联网技术公司正在收集海量的消费者个人数据。这并不奇怪，因为它是数据整合公司的主要业务，事实上，正如我们所见，它正是众多互联网技术公司商业模式存在的理由和关键。但是收集个人数据的做法并不只这些：它还延伸到我们与很多日常接触的百货公司和零售服务的日常活动中。“了解你的客户”是零售商一直以来的信条。但直到最近，零售商并不真正了解它们的客户。现在，它们正在尽一切所能来了解它们的客户。

可以说，建立消费者档案的行动多年前就已经开始了，那时零售商从使用绿色图章转到用会员卡吸引消费者继续光顾，为消费者提供折扣：对大量购物的奖励，或者有时仅仅是一个会员。这些会员卡通常绑定或者至少看起来绑定明显的折扣，因此存在默认的对购物者真正的激励。尼尔森最近的一项研究发现，如今近 85% 的购物者表示，他们更愿意去有忠诚度计划（以及相关的折扣）的零售商处购物。

但到了 20 世纪 90 年代早期，零售商开始意识到，这些会员卡不只是简单地拉动客户消费，还有其他价值。这是第一次，销售终端（POS）系统在库存管理中变得重要起来，这一系统利用新的条形码系统识别产品 ID 并自动捕获消费数据。没多久，IT 公司就意识到它们可以利用这些 POS 系统匹配与会员卡关联的客户个人信息和通过库存单位（SKUs）自动捕获所有客户的消费。

突然间，零售商知道了很多客户的好恶。它们知道谁以现金或信用卡支付；它们知道顾客买了什么：食物的种类及数量以及是否有人买全脂牛奶或脱脂牛奶、水果或糖果；它们甚至知道客户的服装尺寸和皮带长度。杂货商和一般零售商在 2000 年左右才开始销售药品，但它们很快就知道了某个人买了什么处方药，是什么医生开的处方，是肿瘤科医生、眼科医生还是产科医生。

但是，零售商拥有了这些数据并不意味着这些数据对它们是有价值的；多年来零售商收集客户信息，但完全不知道有什么用。最好的情况是它们可以设计顾客之前购买过的某个商品或相关商品的优惠券，以鼓励顾客（以较低的价格）再次购买。向消费者推荐这些优惠券的机会也同样有限。它们可以寄出夹带周日传单的报纸或在收银台打印出来。但这些方法是昂贵的，没有关注到点子上，而且耗费客户和零售商行政人员的精力。而且仅仅（通过打折）付钱给消费者去购买他们也许正打算购买的商品一直是相当无力的广告形式。

只有当像谷歌、亚马逊和 Facebook 这样的公司向投资者解释它们所收集的用户数据可用于通过有针对性的电子广告获得回报时，零售商们（更精确地说是给零售商建议的管理咨询团队）才开始欣赏它们已经有了的类似宝藏、就在它们指尖的客户个人数据。由于实体商店采用并行电子商务模式，连锁零售企业开始进入这个相同的客户数据收集模式。

在美国第一批加入这一行列的有：Barnes&Nobel、沃尔玛、塔吉特、CVS 及 Kroger，都是强大的大型全国或全球零售连锁店，它们拥有资金、客户基础，也有投资于相同类型的大数据技术的前瞻性，这技术正被大型搜索引擎和它们不断成长的复仇者——亚马逊公司改进。如今，客户数据的收集和分析是每一个主要零售集团的标准做法，每天处理数百万的客户交易，无数的客户互动，范围遍及销售终端交易、信用卡、存储卡、优惠券、退款或访问零售商的网站。例如，沃尔玛主要是通过其在线网站和新的针对手机、基于实体店的技术收集了超过 1.45 亿美国人的消费数据。这类数据的收集和分析现在被看作零售商必要的核心竞争力，使它们成为消费者代表集团和在线科技巨头的强有力对手。沃尔玛的美国区前 CEO 比尔·西蒙（Bill Simon）于 2013 年 9 月宣称："我们收集数据的能力是无与伦比的。"

与亚马逊一样，零售商有优势，它们能够直接从他们的终端销售系统中捕获其客户真正的购物数据，同时效仿亚马逊的推荐引擎，如 Syngera 的 Simplate 等新技术已成为互动的 POS 终端，直接从零售商的企业系统那里获得个人购物信息，然后根据他们的个人资料、商店库存和持续的促销在结账时有针对性地给客户提供优惠。这类预测数据营销软件正在兴起，比如，像 AgilOne 这样的集团为零售商提供一个自我学习系统，这个系统从它们的 POS 机记录中分析客户的购物并预测何时客户有可能再次购买该产品。

大型零售商还把它们的互联网和数字广告重点转向移动用户，它们利用新趋势在店内追踪客户，利用的技术包括无线网络连接和闭路电视（CCTV）之上的监控、客户购买历史、预测分析，甚至面部识别。最基本的像ShopperTrak系统可以简单地用于对进店和离开商店的顾客进行计数。更先进的产品包括内部分析服务，即通过蓝牙或手机的MAC地址追踪购物者在店内的活动（这个数据是匿名的，但随后被收集整理出售给数据整合公司）。总部设在加利福尼亚州的Euclid公司提供一种视频和Wi-Fi分析系统来识别客户，并即时给零售商的员工提供客户最近一次进店的购物信息。Web Decisions和nGage实验室合作提供云端的“实时个性化报价引擎”，能够让客户在商店时从他们的移动设备上获得优惠券和灵活的价格信息。这些客户位置跟踪服务甚至延伸到了店外（店外跟踪），如Starbucks正在与英国的Foursquare（一个基于位置的社交网络公司）尝试地理位置测试，在潜在客户接近商店时发送广告。英国的Tesco超市使用安装在加油站油泵上方相机内的面部识别软件，在潜在客户驾车路过它们的主要门店前，播放定制广告。

作为零售商和互联网科技行业的巨头，苹果公司正通过发布iBeacons进入店内跟踪领域，内置于智能手机内的小型ID发射代码是其美国店内正在使用的智能手机微定位系统的基础。利用这些iBeacons，苹果公司的员工可以非常精确地定位客户，因此当他们发现顾客在看某个特定的产品或展示时，店员可以向这些潜在顾客的手机发送有针对性的内容。他们甚至开发了一个适用于职业棒球大联盟的智能手机应用程序版本，它使用的位置信标在棒球场引导球迷，并指导他们获得有针对性的优惠券。

无论是通过智能手机的MAC地址，或者是在某些情况下，通过像由英国Realeyes提供的基于摄像头的软件所提供的面部识别系统，这些更加复杂的系统识别进入店里的客户，“分析对在线广告所反映的面部表情，监控购物者所谓的消费幸福水平，和他们在付款处的反应”。这些系统鼓励顾客扫描商品、比较价格、接收优惠券、阅读评论，甚至结账。当然，零售商正在监视所有的在线活动以及购物者的面部表情，并收集属于该用户的数据。

DIGITAL EXHAUST

什么是 MAC 地址

每个智能手机有一个唯一的 12 个字符长的标识符，被称为介质访问控制（MAC）地址，它是与每个特定设备的网络接口卡（NIC）永久连接在一起的。每当启用智能手机，它发出的查询信号搜索一个 Wi-Fi 或蓝牙网络连接时就显示这个 MAC 地址，这些相同的信号可以通过不同类型的传感器捕获。与 IP 地址类似，因为它是标识设备而不是特定的用户，所以根据美国隐私法，MAC 地址不被认为是个人身份信息，同时现在有各种各样的可用软件可以提取该信号，并用它来确定设备和用户的位置。

在 iOS7 中，苹果公司逐步淘汰其使用的 MAC 地址和应用程序开发者以及广告网络中使用的无须访问 PII 就可以识别设备的通用设备 ID（UDID）。它们的智能手机现在包含有先前描述的 iBeacons 技术。

RetailNext 提供了一种最先进的组合：行为分析和带有其 Clutch 平台的店内跟踪系统，利用零售商的忠诚度计划数据通过各种媒体（在线、移动、社交媒体）在客户准备去商店前向他们发送促销信息。那些对定向广告做出正面反应的客户在进入商店时被跟踪，并且可以针对他们感兴趣的任何产品发送报价。该系统允许零售商监视顾客在商店内查看什么商品，然后通过另一种媒介重新向这些顾客发送报价。这不只是一个试验系统。Clutch 平台存在于全球 450 家零售商中，拥有 4000 多万消费者账户的数据。 RetailNext 系统在零售店安装了 65 000 多个传感器，每年监测 8 亿多购物者的行为。

DIGITAL EXHAUST

什么是全渠道零售

梅西百货在其年度报告中表示，它已经在转向全渠道零售，它现在把各种销售渠道：实体、电视、邮件和目录、在线、移动看成一个整体。这反映了许多零售商通过电子化捕获和整合客户购买兴趣从多渠道销售模式（使用多个销售渠道，但每个销售渠道是独立的）转到全渠道销售模式（实现所有客户销售机会之间的无缝重叠），同时以某种方式（在线或离线）做出响应来确保销售。

所有这一切反映了零售业采用了同一个由大型互联网技术团体所倡导的全渠道零售概念。这样的例子有很多。美国杂货连锁公司 Kroger 今年宣布了一项计划，通过一个称为零售网站智能的战略，将其商店的几乎所有方面数字化，该网络将无线网络、移动设备、终端销售系统和摄像头结合在一起。大型英国超市连锁公司 Tesco 有一个名为 The Orchard 的节目，它们邀请购物者在它们选择的社交媒体上和朋友评论有折扣或免费的产品。接着 Tesco 监控这些评论，那些提供广泛（想必是积极的）社交媒体评论的购物者得到更多的折扣或免费产品。

在意识到 Walmart.com 的在线流量有三分之一来自智能手机用户后，这个全球巨头推出了强大的结合了家庭互联网和店内用智能手机在线购物的大数据战略。它已经在多家商店安装了 Scan & Go 自助结账系统，该系统允许在 iPhone 和 Android 设备上打开沃尔玛应用程序的用户在商店里时可以扫描商品、查看价格、接收定制的优惠券和付款，他们只要用手机就可以完成所有这些流程。反过来，这些数据也会被存储在沃尔玛的搜索引擎 Polaris 中，该搜索引擎将来自 Walmart.com 网站的客户数据、来自用户在社交媒体上的相关帖子以及客户之前在线和在移动店内搜索过程中点击的商品结合在一起。所有这一切背后的分析部分来自沃尔玛收购的 Kosmix，这是一个大数据初创公司，其软件通过拖网式的方式捕获关于人、产品和趋势的大量数据（数以亿计的实体和联系）。由零售商重新命名为 @WalmartLabs 的系统受到 600 亿个社交媒体文件索引的支持，并使用情绪分析和基于地理区分的流行爱好监控系统。然后将结果与来自实体店的客户搜索和销售趋势数据进行匹配，以找到与客户的相关性，接着在他们的移动设备上呈现定向广告。

沃尔玛的全球电子商务业务部门 CEO 尼尔·阿什（Neil Ashe）在 2013 年向投资者解释了公司的目标："我们正在构建一个全球性的技术平台，它的目标是简单直接。这是个大胆的想法，我们想知道世界上的每一个产品，我们想知道世界上的每一个人，我们希望有能力在交易中把他们连接在一起。"

毫无疑问，这些大数据趋势和技术正在成为主流零售商的核心竞争力，而且不久之后，销售员在顾客进入商店时就以顾客的名字来接待顾客，并且已经将他们相信顾客想要的产品包装完毕。如果不是因为他们认为这会吓到顾客，他们可能已经在许多商店那么做了。

但所有这些客户数据对其他公司同样有价值，它们可以出售以获得可观的利润。《华尔街日报》最近发现，在对 70 个流行网站的调查中，对于需要登录的姓名、电子邮件和其他个人详细信息来说，在超过 25% 的时间里那些个人详细信息会被传递给第三方。沃尔玛承认与 50 多个第三方共享客户数据。迪士尼在 2013 年向 ProPublica 承认，它在自己的公司——ESPN、ABC 以及其他公司（如本田、Dannon 或 Almay）之间共享客户数据。正如我们所看到的，Walgreens 在 2010 年以 7.49 亿美元的价格向制药公司出售了关于其购买处方药患者的匿名数据（药物、患者的性别、年龄、国家和开处方医生的身份），这对于制药集团来说是非常有价值的数据，制药集团接着将他们自己的营销努力集中在大量或新开处方药物的医生身上。民权自由主义者声称，大多数交换的数据要么被直接绑定到一个人的名下，要么即使是匿名的，也可以容易推断出（我们将在第 11 章中进行更多讨论），但由于这类数据交换是在公司之间秘密进行的，很难知道这些数据在多大程度上有个人属性。

看不见的数据追踪器

但是并不只有零售商、数据整合公司和大型互联网技术集团收集个人数据。在过去几年中，所有这些跟踪和捕获数字数据的需求已经成为各种提供在线跟踪和监视功能群体之间技术活动的推动力，然而大多数人从未看到并且很少意识到。事实上，每当用户访问热门网页时的瞬间，他或她的计算机会被各种计算机代码所打扰，有时多达几百个群体想要监视该网站上的用户活动，并且如果它们能够以电子方式锁定用户，就会全天跟踪他或她在其他站点网页上的活动。这些隐身数据跟踪器是不可见的，这可不是一件小事。

最近《华尔街日报》的调查利用测试计算机访问 50 个最受欢迎的美国网站（有趣的是，这差不多占了 40% 美国人所浏览的网页）。它们发现，只是访问这些网站，就有来自 131 个不同公司的超过 2224 段计算机代码加载到了它们的计算机上。平均来说，每个顶级网站上有 64 种跟踪技术偷偷摸摸地等待着攻击网站访问者。12 个网站上有 100 多家监控公司“镶嵌”的代码。访问一次 Dictionary.com 网站就导致 223 个文件被下载到测试计算机上。只有不做广告的维基百科没有这么做。2013 年，《纽约时报》的一个类似研究发现，在 36 个小时的上网期间，在其测试计算机上累积了 105 种不同的跟踪技术。2013 年，AT & T 实验室和伍斯特理工学院在 1000 个流行网站中的 80% 上识别出了跟踪技术。

这意味着，每当用户访问受欢迎的网站（如《纽约时报》、塔吉特在线商店、《赫芬顿邮报》和 Wunderground 等）时，网站的服务器会记录请求（在服务器日志上），并捕获基本信息，例如用户的 IP 地址、日期和时间、查看的页面和花费的时长，同时如果可能，也记录之前和之后访问的网站。除了这些服务器日志，网站所有者和许多其他第三方跟踪器也将在访问者的计算机上置入 cookie 和网络信标以跟踪网站上的活动。有时被称为 tracking bugs 的计算机代码小文件也可以嵌入在广告本身中，使得广告商可以监视它们的广告被观看的时间和频率。

这些公司和网站发布商中的大多数声称它们从不出售个人身份数据，但随着用户越来越多地选择禁用 cookie 的软件和技术，这种相对匿名的情况也会很快消失。这一点，再加上事实上很多（如果不是大多数）移动活动发生在应用程序（也不是浏览器）内，就意味着浏览器 cookie 跟踪技术对移动市场不再一样有用，因为那是用于电脑的。这种趋势迫使谷歌等公司考虑升级旧版 cookie，据称它们正在做第三方 cookie 的替代物，会与苹果公司的 iBeacon 类似，并将为“永久标识符”创建一个基础。它不仅携带数据，而且比过时的浏览器跟踪 cookie 更有适应性，每当浏览器被清理时，它可以被禁用或被隐匿。

大量跟踪公司可以解释说这是为了使网络访问者获得适当的数字广告，这过程涉及无数中介公司，其中大部分公司具有重叠功能。诸如 Metamarkets 之类的集团利用作为“发布商的商业智能平台”的 FT.com 网站分析广告清单、评估和给广告展示位置提供咨询，以及向其可能的受众群体提供 FT 的建议。或是如 TruMeure，它帮助评估所购广告的效果（基于唯一的访问、停留在网站上的时间、页面浏览量和通过电话或电子邮件的后续实际销售）。或者像 Adometry 这样的公司，它与来自不同行业的 70 个广告客户合作，为在线广告提供正确的来源（即适当的信用）。每个集团都希望在你访问其中一个热门网站时置入它的跟踪代码。

什么数据在被监控？让我们看看 Adnxs.com，这是一个数字广告交易平台，它支持像谷歌 DoubleClick 这样的广告平台捕捉数据。根据其网站的说明，来自可能被浏览器跟踪的信息包括以下内容：

- 唯一标识符（因此，当浏览器在使用 AppNexus 服务出现在其他网站上时可以被识别）；
- 浏览器显示的广告；
- 当看到广告时，浏览器显示的页面；
- 浏览器显示广告的时间；
- 广告是否已被点击；
- 浏览器访问过什么类型的页面（来构建可能使用什么内容的想法）；
- IP 地址（用来推断位置）。

跟踪科技的革命

尽管 cookie 通常在移动浏览器上以类似的方式工作，但大多数移动用户也会通过应用程序访问互联网，这将和使用 cookie 跟踪技术的方式而异。通常，移动应用程序使用一种称为“webview”的技术向用户提供网站或广告内容，并且 cookie 以 webview 技术用与浏览器上相同的方式存储。但是由于应用程序开发人员在应用程序开发中使用各种科技和技术，从这些 webview cookie 派生的信息可能不容易与从浏览器或其他应用程序提取的数据结合。这种向移动应用程序的转移和新的阻止 cookie 技术的出现，加强了新的和更有效的在电脑和移动设备上跟踪用户方法的开发。一些更具创新性的方法包括：

MAC 地址 和 / 或 通用设备 ID（UDID），不能被用户关闭。

HTML5：使用 HTML5（互联网核心技术标记语言）的本地存储功能来隐藏跟踪 cookie 以使其无法被检测到。

浏览器指纹（Browser fingerprints）：这是一个不断发展的领域，它利用分析工具来分析各种用户活动特征（包括交叉匹配字体、操作系统、位置，甚至打字速度），以记录对应用户 ID 的用户数字“指纹”。谷歌的“偏好 ID”（PrefID）采用类似的方法：它们在计算机上放置这些 PrefID cookie，以确保保留用户的偏好（字体、语言、过滤器设置和搜索结果数量等）。然而，当与其他指示网络活动特征和位置相匹配时，这些相同的设置可以向谷歌或第三方广告商提供潜在的用户匹配以进行分析。

这类数字指纹是不可消除且几乎不可见的，可以用于跨越各种设备来跟踪用户。而且因为它们不是 cookie 跟踪技术，它们可能不受当前数据隐私法律的约束。

注册和登录：当然，识别用户最有效的方法可能只是要求他们先注册，然后在每次使用应用或服务时登录。

仅仅在几年前，这种级别的跟踪是不可想象的，但现在相当普遍。今天，跟踪器技术不仅可以跟踪目标用户，而且它们甚至可以跟踪广告本身，记录每个看到广告的用户以及他们对定制广告的具体特征的反应（同时增加对于目标用户的了解和广告的效果）。

DIGITAL EXHAUST

什么是网络爬虫

网络爬虫（Web Scraping）通常也称为网络收割、爬行或剪切，是对来自网页的信息的计算机化搜索。网络爬虫通常针对社交媒体，如 Twitter、领英、Facebook 或 Instagram，在过去几年里，无数公司开始在网上搜索用户原创内容（UGC），特别是联系方式、简历、电子邮件地址或用户在讨论板、博客或在线聊天室的评论。利用为搜索引擎开发的相同类型，但通常针对特定网站的爬虫技术，这些程序使用模拟人类搜索但是匿名且难以检测的软件“机器人”搜索关键词或情感数据。

虽然隐私设置和社交媒体网站的使用条款经常被设计为阻止这类计算机化间谍，但爬取数据公司经常通过使用假的配置文件和各种工具（爬虫、机器人、收割机器人等）非法进入网站。

事实上，这类的广告观看数字监控涉及大量钱财问题，因此许多跟踪公司正在监控用户观看广告，事情变得不可控制只是时间问题。欺诈者已经在创建软件来模仿在线观看者的行为，以人为地提高广告的命中率。《金融时报》报道说，2013 年的梅赛德斯-奔驰的在线广告活动是这类跟踪欺诈的受害者：在一项调查中，发现在三个星期内共进行的 35 万次广告展示中，57% 是计算机程序而不是人类在看。

从公司企业系统中添加客户配置文件

正如我们在前几章中看到的，数据收集中最重要的趋势之一发生在工业互联网中，而大数据运动的一个组成部分是客户关系管理（CRM）和其他ERP 模块的扩展，那就是收集和整合公司的客户数据。这些都不是零售商店：我们的电话公司和互联网服务供应商、供水、保险、慈善机构或财务顾问。所有这些组织都收集并在其企业系统中保存以某种方式捕获的客户详细信息，所有这些组织都可以将这些客户数据出售给数据整合公司、Facebook、广告客户或任何想购买的人。

现在，像 ClearStory Data 这样的数据协调公司甚至开始将在互联网上收集的个人在线客户数据与位于世界各地公司 CRM 系统中的客户离线数据相结合。这被称为数据加载（data onboarding，或有时叫作 CRM 重新定位），这种在线和离线客户信息的整合，特别是通过在线广告渠道利用 CRM 客户数据的能力，是大数据整合商和高科技互联网公司已经为之工作了一段时间的东西。

数据加载不仅使公司能更有效地投放在线广告上（离线到在线营销），而且还为公司提供对在线跟踪收集的其他客户资料数据的访问。 当然，这是一个双向交换，大型数据整合公司以及互联网技术巨头，加强了它们自己的客户资料，客户数据目前锁定在数千家公司的 CRM 系统中。

这个数据加载运动是潜在的革命，因为它标志着成千上万的离线和在线客户数据库的合并。这就是为什么马林软件（Marin Software）最近宣布与谷歌结盟，为其搜索广告的再营销列表（RLSA）提供支持。这就是站在广告渠道（移动、在线、电子邮件和离线）的有效性上看是谷歌购买的营销分析集团 Adometry 的原因，以及美国在线最近以 1 亿美元购买 Convertro（也是在线来源公司）的原因。这也是 Oracle 已经收购了 BlueKai 和 Acxiom 并以 3.1 亿美元购买 LiveRamp 的原因，LiveRamp 是一家帮助在多个市场应用之间比较数据并协调多渠道营销活动的公司。该协议使 Acxiom 可以访问 200 多家顶级公司的 CRM 系统，并访问 LiveRamp 的合作伙伴，该合作伙伴是协调在线广告活动的中心，拥有大约 100 个营销应用程序（包括 BlueKai）。根据 Acxiom 的说法，他们合在一起可以访问到世界各地 7000 多家客户和合作伙伴，更重要的是，直接与占美国人口 99% 的人进行某种形式的广告接触。

大数据收集宇宙

现在，我们知道了零售商店和非零售实体像公共事业公司般都在收集个人资料。高科技企业和众多的较小的监控技术公司从在线搜索、购物或网站访问来收集数据。所有这些数据都是被数据整合公司找出来并收集的，这些公司往往是以前的消费者信用报告机构，这些机构持有全球数百万人的个人资料。下面是对如今“大数据收集宇宙”中收集的数据类型的一个简短调查：

互联网发起的数字数据源：

- 在线购物和销售（产品目录和网站）
- 上传的电影、视频、图像和音乐
- 在线广告
- 新闻、杂志、文章、博客、白皮书、扫描的文献
- 互联网搜索和网站流量
- 社交媒体（情感数据）
- 网页访问（日志文件和点击流数据）
- 就业网站和基于网站的招聘帖子
- 智能组件的输出，性能监控和基于计算机的维护（CBM）
- Soft grid 应用程序
- 从汽车到运动手表、温控器、洗衣机、冰箱的物联网应用
    - 在线购物
    - 阅读文章
    - 互联网搜索

- 喜爱的网站
- 社交媒体的抓取
- 情感分析和在线客户评价
- 信用报告
- 从信用应用程序上捕获的文本
- 开户面谈记录
- 呼叫中心及客服记录
- 社交媒体聊天和其他客户市场调查

非互联网来源的数字数据源：

- 手机
- GPS
- “后台”业务功能软件：ERP、CRM、办公室、安全雇员、工资单、保险、账户进出，以及买方关系和协议
- 线路功能监测（发电、电话、生产线，依此类推）
- 金融服务：低延迟数据和算法交易
- 供应链管理：传感器和智能报告系统
- 制造和移动物流，跟踪和系统性能
- 企业对企业的订单和支付追踪
- 商店折扣卡，保修卡等
- 银行，抵押贷款和其他金融交易
- CCTV 摄像机和监控

其他离线社交，金融和行为数据：

- 信用卡交易和余额
- 财务记录 / 汽车及其他贷款
- 商店优惠 / 超市储蓄卡
- 品牌偏好 / 产品保修卡

- 抵押和财产记录
- 美国人口普查记录
- 机动车数据
- 杂志和订阅目录
- 对调查的响应
- 抽奖和参赛项目
- 教会出勤和什一奉献
- 对政党的捐款
- 犯罪记录
- 与健康相关的数据
- 爱好及生活方式数据
- 收入和社会经济状态

手机，智能手机和应用程序：

- 地理数据
- GPS
- 手机记录
- 社交媒体定位器
- 收费亭（EzPass）
- 购物商场的邮政编码
- 手机和移动通信
- Twitter
- 位置

但是，如果企业已经得到支持此级别大数据操作的工具和技术，所有这些数字数据的收集和利用才是可能的，那些工具可以从多种离线和在线资源准确可靠地捕获数据，并有效和低成本地检索数据，还能分析数据以提取有意义的模型和结论。现在让我们来看看这些大数据工具和技术。

第 9 章

大数据技术

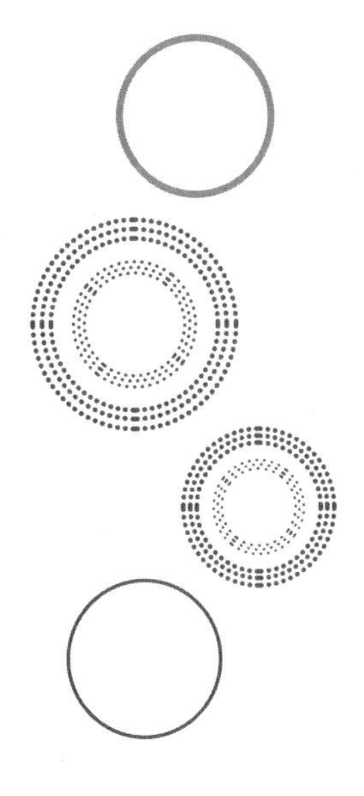

- 大数据管理技术源自企业资源计划和其他企业业务系统的概念。
- 谷歌和雅虎使用大规模并行处理和 Hadoop / MapReduce 技术发展了大数据分析功能。
- 传统的关系数据库管理系统在处理非结构化数据上功能有限，因此出现了新的非关系型数据库。
- 这些新技术可以显著节省成本并提供独特分析，但不适用于关键业务数据。
- 用户可以越来越容易地购买或通过云使用这些大数据技术。

前面的几章讲述了正在产生和收集的数字数据的规模和多样性，以及参与在数字经济中货币化大数据的许多方面。但是要存储、检索和分析涉及的数据类型和数量：从视频和文本消息到在Facebook页面上发布的“喜欢/点赞”和“不喜欢”的在线情绪分析，所需要的技术不同于主导传统IT世界的传统关系数据库和商业智能工具。

这些新技术大多起源于最先引领大数据经济的公司，特别是搜索引擎谷歌和雅虎以及在线零售商亚马逊，因为这些公司首先开发了搜索引擎、软件框架以及允许数百万用户通过互联网访问数百万网站和产品所必需的存储平台。正如我们所看到的，这些大数据公司和它们开发的技术正快速形成一个新的IT基础设施，与过去科技发展30年中IBM、Oracle和SAP等创建的基础设施并行，并与之相媲美。

但是，它们之间有一些重要的区别。即使有如谷歌和亚马逊这样的影响力，但它们永远不能像IBM、Oracle或微软曾经那样控制和包含技术本身。它们开发的大数据技术变得更加民主化，部分原因是它们可以单独使用或通过云租用（尽管亚马逊和谷歌都是云存储领域的巨头），这比花费在传统大型机或关系数据库系统上的费用要少得多。这也是因为许多技术是基于开源框架和标准。虽然在某种程度上像谷歌和亚马逊这样的群体仍然对互联网和数据管理政策有巨大的影响，但这种技术民主化进程（以及一个容易访问的数据存储设施，如云）的优势在于任何组织无论规模大小、地处何方，都可以以某种方式参与大数据世界。

数据基础知识

捕获和组织数字是早期计算和制表的关键所在；毕竟，计算机起源于计算，霍列瑞斯（Hollerith）发明的穿孔卡的天才所在是把所有数据减少到只用到 1 和 0 这两个数字。因此，传统数据库技术已经被设置为基于数字（和字母 / 数字）数据来捕获、比较或计算，并且通常被组织放在表格中检索，以便（相对）容易地搜索和分析。

虽然这类结构化数据只占目前已创建的所有数字数据的 15% 左右，但它们仍然很重要，因为它们最适合传统的计算和企业系统，如 ERP、CRM、SCM 以及今天仍然储存并展示着大多数企业数据的强大关系数据库和电子表格。结构化数据是指可以被整理到一个专门为此数据定义的如何存储和检索的模型中的数据。这通常涉及一组列表，这组列表定义何种类别（姓名、地址、医疗记录号、支付日期、社会安全号等）的数据将被储存以及它们会是何种类型的数据（数字、货币、字母）。数据模型通常还为确保数据一致性而设置严格的规则，例如限制字符数或仅能使用数字或小写字母。这种数据存储和检索方法是近 50 年来使用的关系数据库和电子表格数据管理工具的基础，这反映在大多数这些技术的功能（列和行的逻辑）和它们的限制性上。只要所使用的数据是准确的并且遵守这些预设规则，那么关系数据库系统就是非常强大和可靠的，因为所有数据字段之间的关系逻辑能被清楚地解读，并且管理这些关系的规则已被设定，并具有一定程度的灵活性。

绝大多数业务交易数据符合结构化数据的要求，包括产品描述、公司和客户的名称、地址、信用卡信息，甚至物流数据，如 GPS 输出、传感器或监控组件生成的操作数据。所有这些都是结构化数据。

但是，在本书第 1 章中我们所讨论的大部分数据是这类数据，诸如准确或一致的词语真的不适用于它们，例如以照片或语音的形式保存的数据、从电子邮件或互联网搜索得到的数据、从 YouTube 视频、推文或 Facebook 的评论中得到的数据。现存数据的约 85% 到 90% 以及将来创建的数据的 99% 会是这类非结构化数据，捕获它们并放置在传统的基于行和列的关系数据库表中并不容易。

Orbis Technologies 的首席技术官史蒂夫·汉比（Steve Hamby）在描述传统结构化和非结构化大数据的系统需求之间的差异时，做了一个很好的类比。他把传统的关系数据库方法比作放餐具的厨房抽屉，所有的刀、叉子和勺子放在一个合适的模制塑料托盘里，每个器具都有自己的位置。然后不要把大数据想成一个整体，而是成千上万的杂物抽屉，装满了每一种你能想象到的东西，如梳子、照片、门把手、旧信件、破碎的太阳镜，等等。试图在数百个杂物抽屉中做一个库存，或者甚至找到一些东西，需要一个不同的方法。同样，收集、存储和分析各种不同来源和不同格式的数据比只需基于结构化数据做结论要困难得多。

事实上，不仅存储和检索更加困难，而且容量更大，但是非结构化数据通常包含相对较少的有用信息（也可以说，就总体来看，数据多而信息少）。有一些可能有价值的信息可以从社交插件，在线搜索和 Facebook 照片中提取，但它永远不会像在常规关系数据库模型中被预先选择和可验证的结构化数据那样拥有如此丰富的信息或容易解读。毕竟，仅仅因为数量很多，并不总是意味着它对提供洞见特别有帮助。 它的很大一部分是毫无价值的。这种多样性、复杂性和可变性的组合意味着用传统的商业智能工具是不可能对这类非结构化数据进行有用的分析。

也有很多数据落在两个类别之间，称为半结构化数据，这类数据具有两种数据的某些组织属性，例如元数据。元数据包含标识关键字、标签或电子邮件地址，对一个搜索给出结构（作者、日期、主题等）但不试图分析电子邮件的文本或附加照片或视频数据等非结构化内容。类似地，推文和一些其他形式的社交媒体消息（其中消息元数据标题基本上与内容相同）也是半结构化数据的好例子。多年来，随着公司储存越来越多的电子邮件、照片、图表、PDF 文件、客户电话记录等，这种元数据是整理和定位这类数据的主要方法，这也就是标记语言（例如 XML）在过去几年中变得重要的部分原因，因为它们可以用于帮助管理这类半结构化数据（尽管在没有新的大数据工具的情况下对元数据文件中包含的非结构化数据进行任何复杂分析仍然是不可能的）。

ERP 和大数据

正如我们在前面的章节中所看到的，尽管大家都在关注消费者互联网的大数据方向，可是使用数字数据对于普通个人来说是相对新潮的。在互联网和手机出现之前，信息技术远远称不上有娱乐性，几乎完全应用在商业领域。穿孔卡、生产报告、账户、销售记录，这些都是信息技术在业务流程中的核心活动，得到大型机、分布式计算、联网 PC、Windows 和 Excel 电子表格的支持。

如今，从保险公司等服务相关行业到制造和分销集团，大多数企业都依赖于企业系统，这些企业系统包含强大的集成应用程序，用于收集、整理、存储、分析和报告从设计到生产，再到广告、销售和客户服务这整条供应链中所生成的海量数据。事实上，可以说，在大数据大爆炸中最重要的象征性事件之一是 Oracle、SAP、JD Edwards、PeopleSoft 和其他机构开始开发一套业务软件模块，集成了业务的关键功能：会计和财务、薪资、人力资源、生产计划、库存管理和物流。这些企业资源计划系统以前所未有的方式推动数据的收集和分析，通过使用公共数据库管理系统收集和存储数字数据，这些系统允许公司里的各种部门，甚至是整个国家或全世界无缝访问数据并提取与其需求相关的信息。为了组织和解读这些数据，这些 ERP 系统很快内置或集成新的越来越强大的商业智能软件应用程序，可以查询存储在关系数据库中的关键信息的数据。

到 20 世纪 90 年代中期，随着公司开始开发内网和企业门户，很快就显而易见的是，互联网本身可以作为合适的数据传输框架，不仅是在公司内部自己的员工之间，而且可以在外部用于在线订购、产品目录、客户服务、营销和广告。随着像 SAP 和 Oracle 这样的团队开始为电子商务和 B2B（公司到供应商）交易提供软件即服务（SaaS）的选择，互联网很快成为了数千家公司核心业务功能的共享神经网络。这意味着大量的数据管理从后台主机移到互联网，互联网迅速成为它们与外部世界之间的主要接口。这个过程还意味着数据管理已经成为大多数公司成功的关键。

当电子商务真正开始发展，零售商开始使用互联网作为其订单处理系统的前端时，ERP 系统和互联网之间的紧密联系是很重要的。像亚马逊这样的集团，20 世纪 90 年代末开始从在线图书销售扩展到全方位服务的在线全球零售商，如今（奇怪的是，亚马逊雇用来自沃尔玛库存管理团队的资深数据和软件架构师）意识到在线订单和履行之间的协调将是成功的关键。由于大多数的实体零售商开始创建网上商店门户，从银行、旅游行业到在线约会等其他服务，都通过与主要银行和信用卡绑定的在线支付系统得到支持。这不再是后台管理，这些都是公司生存所必需的前台职能。

随着这一转变，到 20 世纪 90 年代末，ERP 系统已经不再仅仅提供管理功能，而且已在各种集成电子商务系统中纳入了重要的在线数据管理功能。2000 年高德纳咨询公司宣布了 ERP 复兴（ERP II）并正确预测了这些企业系统及其基于网络的软件将为现代企业提供数据管理支柱，为以互联网为基础的经济铺平道路。然而，对于它们所有的预言，高德纳咨询公司或者我们中的任何人当时都无法想到消费者方面数字数据的未来大爆炸。

事实上，这些 ERP 系统也在为大数据大爆炸做准备，因为在消费者方面，商界在 20 世纪 90 年代将其企业系统和分布式 PC 计算转移到互联网的联合效应可能比美国在线或 AltaVista 或任何其他早期搜索引擎对早期的互联网和大数据扩张现象的影响还要重要。

ERP 还向现代计算引入了大数据的几个关键原理和特征。例如，ERP 软件平台的一个关键要素是性能测量：系统使用数据来量化业务活动的效率和有效性。系统还引入了这样的想法，只要有可能，数据应该只在来源处收集一次，然后集中存储，以便所有需要数据的人访问。ERP 架构师还坚持认为公司系统应该进行标准化和可交互操作，以便可以在整个公司的各种部门之间共享数据，从而帮助打破部门（而不是企业）系统中存在的信息孤岛（如图 9-1 所示）。最后，他们提出了这样的想法，即可以通过一套新兴的数据分析工具（称为商业智能）来分析大型数据集。

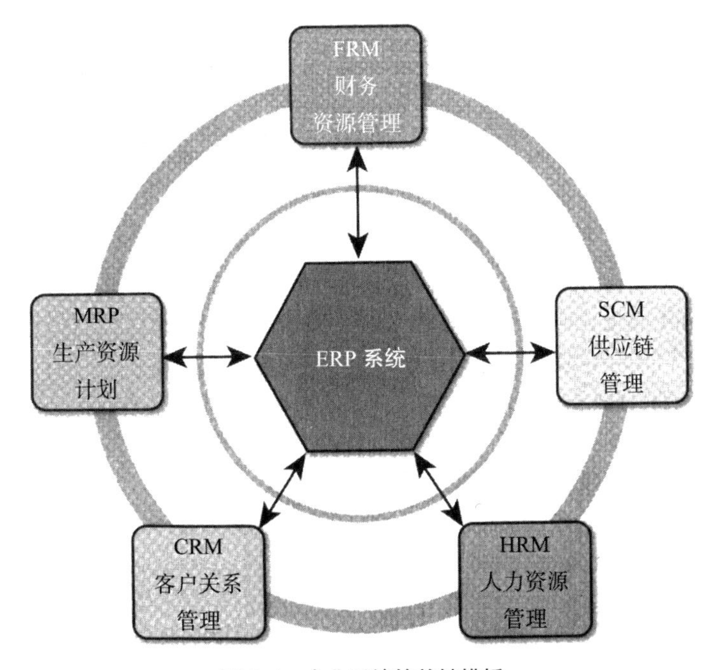

图 9-1　企业系统的关键模板

然而，当前的商业智能集和针对相对较小的结构化数据集设计的分析工具与现在可用于分析由各种数据组成的大量数据集的大数据技术力量之间存在显著差异（它同时来自公司内部和外部）。企业系统如制造资源规划（MRP）、客户关系管理、供应链管理（SCM）等，始终具有商业智能和分析能力。这不是一个明确的区别，但一般来说，ERP 系统帮助企业了解过去发生了什么，传统的商业智能和分析帮助企业了解为什么过去发生了什么，大数据分析（如果有效地使用）则是帮助企业预测未来会发生什么（如图 9-2 所示）。

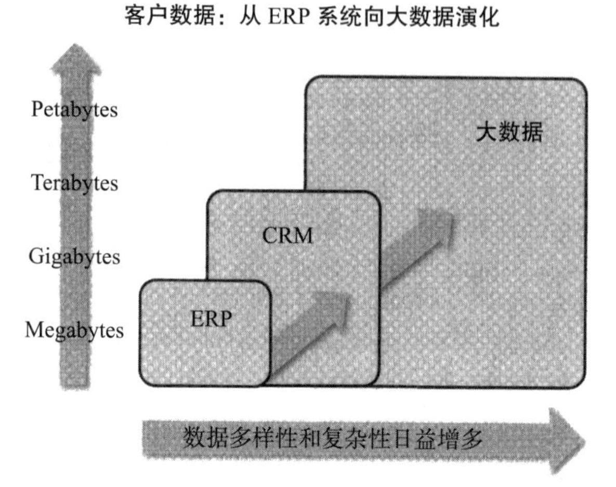

图 9-2　来源于 ERP 系统和 CRM 系统的大数据

这就是为什么在处理大数据时，企业系统及其支持的关系数据库框架会有局限性。首先，和企业交易数据集一样大的数据量在通过云计算系统捕获分布并通过大数据类技术进行分析的多结构化数据集的数据量面前相形见绌。也就是说，某种程度上说，因为这些 ERP 系统使用的交易数据是（并且通常必须是）结构化的，统一的且整齐的，所以它可以被整理为形成关系数据库管理（RDBM）系统的基础表。RDBM 系统的设计不是用于分析来自社交媒体、电子邮件、语音或视频的半结构化或非结构化数据的内容。虽然存在许多强大的商业分析智能平台，但它们主要关注的是各类供应链相关问题，如库存控制、生产和物流计划、供应商绩效分析，因此不太适合比如涉及客户行为和情绪分析的大数据应用。

DIGITAL EXHAUST

大数据社交智能和分析

社交智能是监测社交媒体上有关喜欢、不喜欢、品牌名称以及其他可以帮助营销或产品开发的情感数据的过程。

社交分析是用于分析数据的工具，通常分为用户正在谈论的内容（分享），对内容的描述（参与）以及谈论的频率（延伸）。

尽管如此，正如我们要在第 10 章中讨论的，对于许多公司，这种传统的框架通过传统商业智能工具分析结构化数据的 ERP 系统完全符合它们的需求。这就有了一个问题：大多数公司真的需要进入大数据世界吗？

这需要每个公司自己来判断，不过，客户关系管理（CRM）最常被公司认作并行或单独大数据企业框架的合理投资，因为它是三个大数据原则（非常大的数据集，各种各样的数据，需要强大的分析）全部集中的领域。因为在大多数现代公司中，最理想的 CRM 系统和流程不仅集成了在线和实体营销、销售和客户服务功能，而且在很多方面为公司创造了一个小范围的模拟谷歌和 Facebook 这样的大数据互联网科技巨头的机会，它们不仅可以监控自己的在线系统中的客户行为数据，还可以利用互联网获取与其公司或其销售的产品或服务相关的情绪数据。近来，客户关系管理和社交媒体分析的组合通常被称为大数据和社交智能 / 分析。今天，数百家公司（Brandwatch、Sysomos、Google Analytics、Hootsuite、MozAnalytics、Salesforce 的营销云等）提供社交媒体分析工具，这些可以作为 ERP 系统的一部分，或作为独立系统，或通过 Web 访问。大多数 CRM 系统还包括收集电话、电子邮件、日历和销售报告数据的社交媒体功能，并将其与客户或产品相关的互联网情绪分析（如我们之前讨论的）整合在一起，各种群体（Medallia、Clarabridge、

Confirmit、RelateIQ）也可以帮助解释社交媒体数据并协调公司的客户关系管理数据和策略。

能够在较小业务规模上进行这种类型的社交媒体抓取的想法已经变得非常吸引人，2013 年的调查显示，近 70% 的高管表示他们已经或正在认真考虑在未来 12 个月投资 CRM 系统，其中许多原因是他们对通过这类互联网大数据工具来提高他们理解客户的能力特别感兴趣。知道了关系数据库方面的机会和自身的局限性后，许多传统的数据库和 ERP 供应商（Oracle、SAP 等）已经开始将非关系技术纳入其平台，并将这些技术作为企业框架（或作为扩展）的一部分。

平行宇宙

大数据的一个更令人困惑的地方是在过去几年出现无数的新兴数据管理技术，如 NoSQL、Hadoop 和 MapReduce。对于任何一个希望处理大量非结构化数据的企业来说，关键问题之一是这些技术中的任何（或所有）技术是否合适，或者是否可以轻松地在大数据世界中生存，并保持传统的 ERP 和 RDBM 系统。在描述技术本身之前，看看根据几十年竞争形成的数据管理的当前状态对于如何最好地将增加的计算能力应用到大规模数据管理中可能是有帮助的。

公司有两种宽泛的选择（具体地方会有一些变动）。第一种是使用某种类型的常规关系数据库的中央处理单元（CPU），并且可以“扩展”以处理增加的数据量或更复杂的计算。当公司希望提高处理能力时，通过购买更大（或多个）服务器来增加系统的规模（垂直扩展）。这些 CPU 通常由单个操作系统和单个存储器连接在一起，并且这种布置通常被称为对称多处理（symmetric multiprocessing，SMP）。根据经验，只要数据是在本地结构化和保存的，使用这类并发处理和关系数据库系统，数据存储和检索通常就会更加一致和可靠。

现代数据管理的第二种战略涉及将这些存储和检索任务分布在分布式网络中节点（或称为集群）上的许多小型处理器之间。这是公司在云中使用的分布式安排的类型（当然，互联网是所有分布式系统中最大的，由数百万的链接处理器、服务器和网络设备组成）。如果公司想要添加更多的数据或处理能力，它只需要添加更多的处理器或更多的节点（水平扩展）。通常，这类并行或分布式处理可以更便宜，因为它可以使用廉价的 PC 和服务器的组合处理能力来完成，但是它还需要协调软件框架来向各种处理器分配工作负荷和优先级，并分割被来自多个机器的数据请求不断轰炸的公共数据库。然而，因为它涉及在许多不同的处理器和许多节点上分布数据，所以可能存在数据一致性和安全性的风险。在公司运行数百甚至数千个处理器和节点的情况下，这种类型的分布式架构通常被称为大规模并行计算（massively parallel computing，MPP），它有各种形式，简单地说就是这些大量的分布式处理器，每个都运行其本身的操作系统和存储器，都通过允许它们并行完成计算工作的网络互联软件平台进行通信。

关系数据库技术可以集中或在分布式网络中运行，但是它们通常使用某种形式的结构化查询语言（SQL），即与关系数据库通信的标准编程语言，它使用语句（例如“Create ”“Update”“Delete” 等）来存储或检索数据库中的数据。SQL 非常适用于结构化数据填充的标准化表，但通常不能很好地处理非结构化数据。 它主要与提供关系数据库管理系统，如 Oracle、IBM、Ingres、Sybase 和 Microsoft SQL Server 等已建立的供应商相关联。

但是，像谷歌和雅虎这样的互联网巨头发展于分布式并行计算和存储，它们需要向世界各地的用户提供大量非结构化数据的搜索和分析结果。因此，谷歌、雅虎、亚马逊和其他互联网巨头远离了 SQL 和 RDBM 系统，并开发了一种非关系方法（使用 NoSQL 和 Hadoop / MapReduce 等技术），这不仅给了互联网发展的恒动力，也提供了一种结合大规模并行计算与存储和检索非结构化数据的方法，这样的技术成为了大数据大爆炸的基础。

在过去几年中，第三种广泛使用的数据库管理方法涉及数据仓库应用，它利用了 MPP 和开放数据库链接，并且还具有 Java 或各种商业智能工具的接口。数据仓库应用将“捆绑”或预先集成硬件和软件，并通过即插即用模块提供简单的附加可扩展性。自从像 Netezza（自 2010 年由 IBM 拥有）这样的公司提出了一个简单但更灵活的一体化数据库产品的想法后，该应用开始流行了起来。如今，所有主要的供应商，如微软（DATAAllegro）、Oracle（Exadata）、惠普（Vertica）、Teradata、SAP（Sybase）、EMC（Greenplum），都提供这类数据仓库应用或基于云的应用访问。

什么是 NoSQL

NoSQL 是一个数据库，它的名字来自它不仅仅是 SQL 的事实，因为 SQL 具有与关系数据库中的结构化数据表一致的预定义模式，而 NoSQL 是一个具有动态模式的数据库（在某些版本中，几乎没有模式），它被用来处理大量的非结构化数据。事实上，名称有点误导，因为 SQL 是一种标准编程语言，NoSQL 既不是标准也不是编程语言，它是一个非关系数据库。在许多方面，它更适合称为 NoRDMS。

NoSQL 数据库通常有四个特征：它们是非关系的；它们是基于分布式计算；它们是开源的（因此基于对程序员开放的代码已经可以编写）；并且它们是水平可扩展的（因此可以通过添加硬件到节点或分布式网络来扩展大小）。如今它们通常被称为云数据库甚至大数据数据库，并且存在几种不同类型（键值存储、列存储、文档、图形等），每个类型提供关于存储、检索、并且管理非结构化和半结构化数据的变体（它们实际上与结构化数据一起工作，但是当与RDBM系统和结构化数据直接比较时，通常不被认为是快速或准确的）。像谷歌这样的互联网巨头（有专有版本叫BigTable）、亚马逊（DynamoDB）、Twitter和Facebook都使用NoSQL数据库作为其庞大和不断增长的数据中心的框架，现在有可能超过150个版本的NoSQL数据库可从各种供应商获得，包括MongoDB、Apache Cassandra、Apache HBase、Hadoop（HBase），Couchbase等。即使是最大的关系数据库技术提供商Oracle，也在利用Oracle NoSQL产品进入竞争市场。

什么是Hadoop

如今，当大部分IT人士想到要管理大数据（也就是超大量形式各异的非结构化数据）时，他们通常会想到Hadoop，这个名字其实是Hadoop的作者之一道格·卡丁（Doug Cutting）为他儿子的一只玩具大象取的。尽管Hadoop听起来有点奇怪。但该软件只用了短短几年时间，就从原来的默默无闻发展到风靡全球。2013年的一个调查发现全球2000强的公司里至少有一半都曾尝试过它，可见它受关注的程度。对不少公司来说，它们首次接触非结构化大数据分析是从Hadoop开始的。就不用说那些帮助建设Hadoop的互联网公司了，比如谷歌和雅虎，它们更是Hadoop的最大用户。Hadoop其实是脱胎于谷歌的MapReduce和谷歌文件系统（Google File System，GFS）。雅虎有一个50 000个节点的Hadoop集群；Facebook有一个稍小一点的集群，共10 000个节点。根据高德纳咨询公司的汇总数据，现在大约有1000个运行中的Hadoop系统，从亚马逊和IBM这样的科技巨头到像《纽约时报》、Epsilon和Land O’Lakes这样的公司，它们的数据需求各不相同。

Hadoop到底是什么？如果说NoSQL是非关系数据库架构，Hadoop就是一个软件框架，它可以使开发人员很快、很方便地编写处理保存于大集群里海量数据的超大规模并行程序；它本身也协调、调度这种超大规模并行计算。

它在 Apache 软件协议（Apache Software Licence）下进行开发，这就意味着它是开源的，开发人员可以用任何他们想要的方式来使用、修改并分发他们自己版本的 Hadoop 软件。

Hadoop 软件架构由几个部分组成：一个分布式文件系统、一些通用类库及工具软件、一个可以在大量集群和节点上调度资源的管理平台（Yarn），以及一个被称为 MapReduce 的程序。MapReduce 是以两个编程中常用的操作来简单命名的：Mapping 常用来从输入中找到相同特性的数据并把它们组织在一起；而 Reduce 常用来汇总这些特性相同的数据。MapReduce 接收大量的非结构化数据作为输入，把它们分成一些可以分别处理的小块。这些小块可以被计算机节点中的集群读取，然后根据一些复杂的算法排序并再次汇总这些数据小块，以找到数据中并不为人眼所易见的相关性。MapReduce 程序最早由谷歌所开发的搜索专利技术脱胎而来，后来慢慢通过 Apache Group 中开发者们之间的协作，演变成今天流行的开源实践，Apache Group 这个软件开发者社区是在 Apache 协议下生产免费开源软件。

采用基于 Hadoop 技术数据管理平台的公司会提到这种平台的很多优点。Hadoop 为并行环境所设计，它并不需要复杂的 CPU 和内存技术。把一些普通的硬盘，一张网卡，一台市面上可以买到的普通商用服务器连上网后，就能提供 Hadoop 最基本的功能了。Hadoop 基于 Java 开发，它可以在廉价的商用服务器和硬盘处理几百个 PB（petabyte）的数据，这能给公司省下很大一笔钱。因为它是开源的，并且 Hadoop 源码本身免费（就算是从软件厂商那里获取加了定制功能的版本，也是相当便宜的）。如果你需要处理更多数据，只需要建更多、更大的集群，而不用管怎么存储和提取这些数据，因为 Hadoop 已经提供了管理存储和提取数据的功能。而且，因为数据是以自然状态存取的，所以再不用像平常那样，为查找、清洗并组织超大数据花费巨额开销。

据估计，同样存取 TB（terabyte）级的数据，Hadoop 所需要的成本只是传统的关系数据库管理系统（RDBMS）的 20% 到 40%；而且关系数据库管理系统能管理的非结构化数据在大小和类型上也比 Hadoop 受限很多。我们来看一个很好的例子：一家广告公司 Neustar 发布了一份报告来比较在 Haddop 和传统数据仓库上处理和存储数据的成本差异；它发现将整个公司 1% 的数据存储在传统数据仓库上 60 天的成本是每 PB（petabyte）10 万美元；而把 100% 的数据存储在 Hadoop 上一整年的成本也只是每 TB（1 terabyte = 0.001 petabyte）900 美元。这还只是成本上的差异，我们还没考虑 Hadoop 在管理非结构化数据上所能提供的额外价值。这些差异让公司的 IT 部门和财务部门主管不得不开始关注 Hadoop（如图 9-3 所示）。

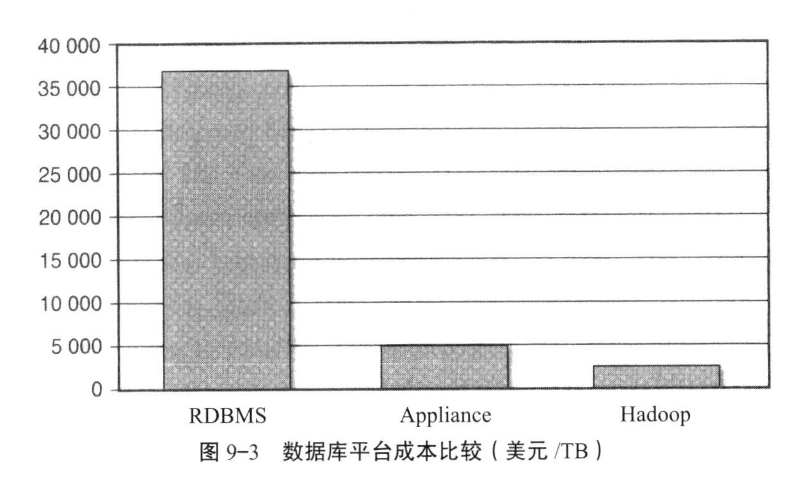

图 9-3　数据库平台成本比较（美元 /TB）

数据来源：NewVantage Partners

但是大数据不只是关注处理大量数据的成本。Hadoop/NoSQL 使得公司可以用典型关系数据库连同常规商业智能软件根本无法企及的方法来查找并检视非结构化的原始数据。实际上，它在这方面的能力对于它成功的促进远超过大量数据处理能力所带来的促进。

当然，这种数据管理的方法也不是完全没有问题的。Hadoop 是被设计用来访问大量的结构化及非结构化数据；它本质上是一个批处理系统，在处理实时查询时就显得不那么有效了，也就是说它更适合用在非关键业务的分析，比如长期营销或销售趋势。作为一个只读系统，一旦数据写入后，用户就不能再作修改，这就限制了在它上面可以进行的数据探索操作，而这样的操作在即席查询上是没有问题的。而且，因为它基于 Java，这些技术不能和 SQL 很好地配合工作。另外，由于它是一个开源的框架，是相对低级的，也就是说程序员经常需要自己写程序来完成一些简单的工作，而写一个 MapReduce 程序来查询 Hadoop 十分耗时，并且需要专门的技能。这就意味着掌握 Hadoop 技术的公司需要有掌握这项技能的程序员。但现在熟悉 Hadoop 又能用 Java 编程，还用过 NoSQL 的程序员并不是太多。除了技术因素，也需要能开发数据分析算法并解读分析结果的数据科学家。当我们在数据中寻找那些对于常人来说并不明显的相关性（就好比海底捞针）时，我们常会得到一些有误导性甚至十分奇怪的结果。因此，我们仍需要有统计知识的人帮助，避免将相关性当成因果关系（数据之间有相关性，不等于这个相关性不是随机产生，或是有相关性的一方引起了另一方）。这也是为什么现在对数据科学家和分析师的需求很大，他们也可拿到高薪。

随着 Hadoop 的接受度和使用度越来越高，大量的物力和人力被投入到在世界各地建立许多初创公司来解决上面提到的问题。Hadoop 供应商也越来越多，这其中包括 Cloudera、Hortonworks（由雅虎 Hadoop 团队成功创业）、IBM、Karmasphere、英特尔、Teradata、Pivota、MapR、微软，亚马逊云计算服务，还有很多其他公司。这些公司通过软件介质或是云上发布的方式向商业公司提供这个快速演化框架的不同定制版本。

有些公司尝试将新旧技术的优点结合在一起，使得在 Hadoop 这样的分布式环境上使用 SQL 成为可能。Cloudera 的 Impala 使用了一个在 Apache Hadoop 上原生运行的 SQL 查询引擎，它可以支持超大规模并行计算（Massively Parallel Processing，MPP）。Pivotal 的 Hawq 也是一样。Apache 也有 HiveQL，它使用很像 SQL 语言的 Hive 查询语言（Hive Query Language，HQL）以方便用户查询存在 Hadoop 里的数据。Apache Spark 和 Hadoop 一样也是开源的，它可以更好地和 Java 和 SQL 一起工作。它可以比 Hadoop MapReduce 快 100 倍的速度在内存里运行程序，即使是在硬盘里程序运行速度也比在 Hadoop Reduce 上快 10 倍。微软的数据分析平台系统（Analytics Platform System，APS）直接将 Hadoop 和 SQL 结合在一起。它也与 Hortonworks 合作，在 Windows Azure 云平台上提供 Hadoop，并将 Hadoop 和公司的 SQL 商业智能应用整合到同一个平台；微软称这个平台为“单机里的大数据”。Informatica 提供一个不需编写代码的开发环境 Vibe（Virtual data machine），将 Hadoop 和非 Hadoop 平台完全整合为单一的数据处理和数据仓库平台。以上这些都构成将 Hadoop 技术引入主流的重要一步。

其他一些公司，比如 Oracle 和 SAP，则从另一个方向发力，将传统数据库技术慢慢推向和靠拢 NoSQL 和 Hadoop。Oracle Big Data SQL 扩展了 Oracle SQL，使之支持 Hadoop 和 NoSQL。SAP 的 HANA 也支持在 Hadoop 上运行 SQL。Teradata 宣布 Aster Data nCluster 提供一个在 MPP 架构上运行的 SQL-MapReduce 框架。谷歌则有基于云的 Big Query，这可以使其他公司以低至 5 美元 /TB 的价格使用各种基于 SQL 的查询接口，在谷歌超大规模基于 Hadoop 的计算资源上分析大数据集。好像每周我们都可以听到一些新消息谈及这两种技术的整合仍在深化当中（这种整合将 SQL 易于编程的特性和 Hadoop，MapReduce 和 NoSQL 的技术在 MPP 环境下运行的各种优点结合起来）。

不少数据库厂商在意识到大大小小、各种各样的公司对 Hadoop 产生兴趣后都推出了支持 Hadoop 数据仓库的一体机产品，其中包括 IBM 的 PureData System，Oracle 的 Big Data Appliance，惠普用于 Apache Hadoop 的 AppSystem，Teradata 的 Aster Analytics Appliance 和 EMC/Greenplum 的 Data Computing Appliance。这些产品为那些没有技术能力和资源来购买并自己运行 Hadoop 节点的公司提供了预先配置好的 Hadoop 运行环境。当然，这些大数据一体机产品都不便宜，比起自己管理 Hadoop 的节点要贵一些。

还有一些公司则尝试在非关系数据方面走自己的路。Lexis-Nexis 开发了自己独有的一套开源高性能计算集群平台（High Performance Computing Cluster，HPCC）。亚马逊的 Kinesis 被设计为 Hadoop 的一个替代选项，这个选项也是开源的，而且可以通过云来访问。Splunk 提供了一套独立的产品支持大数据（结构化以及非结构化数据）的搜索、存取和分析，这套产品使得公司可以查看从点击数据到站点访问数据的任何数据。Splunk 使用独有的一套源于 UNIX 和 SQL 结合的 Search Processing Language（SPL）语言，这套语言是特别针对管理机器所生成的数据而创立的。分析日志数据是 Splunk 的一大强项，但它也慢慢受到来自像 Graylog2 这样公司的竞争。Graylog2 基于 Java，而且很有可能将最终加入 Hadoop 阵营。其他开源的分布式大数据框架，如 Elasticsearch 和 Solr，可以帮助公司完成复杂的数据查询（比如全文搜索）操作（如图 9–4 所示）。

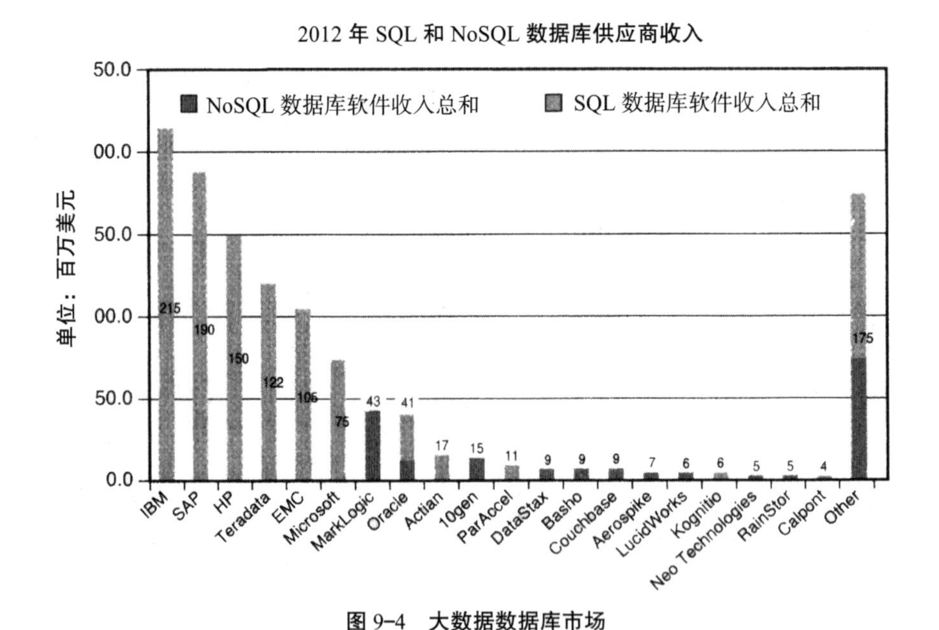

图 9–4　大数据数据库市场

数据来源：© Wikibon Big Data Model 2011-2017

目前的状态似乎是一场混战，在不同的平台和框架中同时存在着协作、竞争、功能重叠以及互不兼容。成百家厂商都渴望自己可以在这场混战中胜出，使自己公司的技术可以成为将来的制胜技术。即便如此，业界分析人士大都赞同，这些大同小异的大数据管理平台迟早必将合一（虽然我并不赞同这样的观点，我倒觉得将来会变得更专业化，不同的公司将继续基于它们所处理数据的不同特性来选择不同的处理方法和平台），而在近几年我们可看到的最好结果可能就是某种适当程度的无缝集成。

所有的数据，所有的时间

这些下一代数据库技术的最大价值并不只在于以更低的成本存储更多类型的数据。无论框架的不同和产品的优缺点，这些技术所带来的最大影响在于公司再也不用丢弃数据了。这个影响是革命性的。任何一个和传统关系型数据库打过交道的人都知道，当 IT 成本越来越高的时候，公司就会开始根据员工（通常是 IT 和财务部门）对数据价值的判断进行数据分流：重要的数据留下，不重要的数据就丢弃。尽管 ERP 的主要原则主张整个企业层面的数据分享，然而各部门预算不同以及对数据价值的判断不一致常造成数据收集偏见：当数据分流不可避免时，会计部门总觉得它们的数据比其他数据（比如那些难懂的公司在线销售目录客户点击数据）更重要，更应该被保留。而现在，所有数据，不管它从哪里来、以什么格式存在，都可以被保留，并供公司里的任何一个人在将来需要的时候访问。

“保留所有数据”所带来的结果就是公司现在要收集并存储大量各种不同类型的数据。如果公司需要拥有并管理自己的 IT 基础设施，这类数据政策通常会让成本高到令公司难以承受。数据组织、分析以及存储方面的需求合在一起，就促成了可能是大数据大爆炸中最重要的一个技术——云计算。

相关性与因果关系

大数据背后的理论基本上是基于这样的一个想法：现代数据分析技术可以用来分析海量的、完整的源数据进而找到其中的相关性，而这不是传统技术（或是人力）所能做到的。使用这些技术的方法可以与编程中两种常见的范型进行类比。第一种范型是命令式编程，需要一步一步地告诉计算机它可以如何解决一个问题。与之对应的另一种范型是宣告式编程，只需要告诉计算机你想要什么，之后让计算机自己决定如何得到你想要的结果。命令式的方法是基于假设的，也有明确的要求，它很适合像 SQL 和关系型数据库这样的工具：程序员明确指出需要的结果，系统则根据需要生成结果。宣告式的方法更倾向于无须查询的概念，它更适合 JavaScript 和 NoSQL、Hadoop/MapReduce 这样的方法：程序员只要告诉计算机去分析新数据，试着从大海中捞出针（也就是相关性）就够了，而系统无须一步一步地指引。

大数据的支持者认为这种“分析所有数据看能找到什么”的方法从根本上改变了我们所认识的统计学，因为只要分析了足够的数据，我们对统计显著性、因果关系、相关性一直以来的关注就没必要了。他们认为，只要有了足够的数据，数据是会自己说话的。

但真的是这样吗？一个经常被人引用的例子就是发表于 2009 年《自然》（*Nature*）杂志里的谷歌流感趋势（Google Flu Frends, GFT）调查的巨大成功。谷歌以用户所使用的搜索词为指标分析流感的传播。谷歌的研究员们开始时并没有任何的假设，他们只是使用技术去找到人们所使用的搜索关键词（他们使用 45 个这样的关键词，并认为如果有人用了这些词就表明他得了流感）和流感传播之间的相关性，并以此去（近乎）实时地预测流感的传播速度。当时，大家对这个方法都大加赞赏，认为它成本低而快捷，而且比美国疾病控制与预防中心平常使用的基于医生所提供的数据建立的最好预测模型还要准确。

但结果并非如此。2013年，谷歌流感趋势预测10.6%的美国人患上类似流感的疾病，而后来根据病人数据得出的数值却是6.1%。下一年，谷歌流感趋势再一次过高估计了流感患病率，比实际高了大约30%。

到底是怎么回事呢？原因是多方面的。对于患上流感的担忧让人们上网搜索关于流感的相关内容，即使他们还未有流感症状；不能分辨到底是不同人在搜索还是根本就是同一个人搜索了多次；人们搜索可能是因为他们关心别人，或是他们听说他们所在的地区可能会有流感传播，即使他们自己还没有流感症状。

搜索分析算法的不足还不能完全解释问题所在。经济学家和统计学家指出这种无假设、分析所有数据的方法的真正问题在于它常常混淆了相关性和因果关系。这里有几个主要问题。

《金融时报》的“卧底经济学家”蒂姆·哈福德（Tim Harford）这么解释，引起这个问题的部分原因在于它只关注了抽样误差而忽略了抽样偏差。超大样本可以减少抽样误差，但保证样本能体现所分析的全体仍很重要。但是要消除抽样偏差并不容易，因为如果所收集的数据（通过搜索引擎、社交媒体或其他任何技术平台）只代表全体中的一小部分，几乎不存在完全随机的用户集。我们常见到人们分析Twitter数据来得到公共趋势和意见，但是Twitter用户并不能代表全体。正如哈福德指出，美国的Twitter用户中有很多的年轻人、住在市区或郊区的人和非裔美国人，而且多到有点不成比例。

除了抽样偏差，还有假性相关的问题。成功预测选举的内特·希尔（Nate Silver）指出，大数据分析的问题在于如何将信号（有用的信息）和噪声（不相关的数据）分别开来。简单来说，当把无关数据添加到任何有用的“信号”后，发生假性相关的可能性就随之变高了：所加的变量越多，相关性就越可能扭曲“信号”，数据中大的偏差通常都是由“噪声”引起的。除非数据中的联系被很好地理解，不然所找出来的相关性就是假性的；而当收集了大量的非结构化数据后，想理解数据中的联系是非常不容易的。我们可以在 Tyler Vigen 的网站“假性相关”（http://www.tylervigen.com）里找到一些很好的例子。Tyler Vigen 在这个网站上汇总了一些例子来说明有相关性并不总代表着因果关系。这其中包括在缅因州，人们食用人造黄油的数量和离婚案的数目有相关性；在亚拉巴马州，被电刑处死的人数很惊人地和结婚率有相关性；更吓人的是，美国人均奶酪的食用量和被床单缠绕致死的人数竟有接近完美的相关性（相关系数 0.947）。

什么是云

有趣的是大数据还可以分析大数据市场。FactSet 近期扫描了超过 5000 家公司关于热门话题的投资者报告和电话会议记录后发现，这些公司 2013 年的 841 个电话会议和投资者报告提及了大数据。而云计算更是最受关注的话题，在这些记录中被提及了 1356 次。实际上，大数据和云计算是密不可分的。

根据 IDC 的数据，在过去的几年里，云存储已经成为增长最快的经济领域之一和大数据市场的子市场。但云平台提供的不仅仅是存储，还提供了无数的软件应用和分析。高德纳咨询公司预测，在 2013 年和 2016 年之间，大约 6770 亿美元将用于基于云的服务。麦肯锡声称，80% 的美国和加拿大公司正在考虑或已经使用云服务。

那么什么是云计算？从根本上讲它就是一个外包在互联网的应用程序的延伸，它允许企业和个人访问一个共享的计算和数据库资源，包括网络、存储、服务器、应用程序和支持服务。云事实上仅仅是互联网本身，它提供了以百万计的网络服务器的访问入口。实际上，个人用户甚至是500强公司已经不需要在本地运行应用程序或存储数据了。

访问云的方法多种多样。

对于个人用户，公共云为各种各样的应用服务提供了低端的、网络级别的访问。世界各地数以万计的人使用苹果公司（iCloud）、Dropbox、谷歌的Drive、亚马逊的Cloud Drive或微软的OneDrive协同工作或存储个人照片、音乐或视频或文件。这些基于云的平台还提供存储，方便了那些希望使用移动智能手机来工作的大忙人，他们可以在任何地点、任何时间访问他们自己的任何文件而不再需要携带个人的硬盘或备份设备。

中小型企业可以使用企业级应用和存储，即私有云。它越来越明显的优势不仅体现在存储容量上，也方便通过网络合作（如Salesforce.com、Box、Huddle、谷歌的商业应用程序、Dropbox、Office 365和无数的基于企业的软件）实现企业和云的双向应用。

尽管外包的历史悠久，但较大的企业已经有点不太愿意过度依赖于云服务。可以理解的是，它们很重视安全和访问，并且通常在IT工作人员和硬件方面付出不小的财力。但是，当今的企业仍然有多重选择。它们可以选择软件即服务的模式，即云平台提供关键业务的应用，也可以选择平台即服务（PaaS）的模式，即将服务器平台作为一种服务，云服务只提供计算和储存的平台（公司通过租赁在平台上控制自己的应用程序）。一些企业（如美国中央情报局和奈飞公司）选择了更综合的基础设施即服务（IaaS）模式的服务，它们仅仅租用了如亚马逊和谷歌这样大型科技公司的中央计算和存储能力。

实际上，随着云的成熟，许多其他模型也正在出现。业务流程即服务（BPaaS）的模式提供了基于特定的业务领域的服务，如薪酬、人力资源、电子商务。供应链服务也越来越受欢迎，通过在线访问提供从需求计划到库存优化的全方位服务。公司甚至越来越多地订购安全即服务（SecaaS）模式，其中数据安全由云平台管理。思科公司甚至宣布，它将花费 10 亿美元在它所谓的 Intercloud 上，这将提供各种基于云的产品之间的桥梁，无论是私有云还是公共云。

这些各种形式的云外包在以下方面具有明显的优势：速度、成本、可扩展性、应用程序集成，可以接触外部专家和最先进的应用程序。 由于云的扩张，计算和存储的成本急剧下降。例如，西班牙银行 Bankinter 声称现在使用亚马逊云计算服务运行信用风险模拟只需 20 分钟，而以前在自己的电脑上要用 23 个小时。 Google 的 BigQuery 为用户提供了每秒处理 10 万个数据记录的能力，这类快速分析对于试图分析非常大的数据流的公司来说是必要的。现在，Amazon Cloud 服务可以为用户提供 1 万台服务器的计算能力，租金约为每小时 90 美元（如果是自己的，要花费 440 万美元）。

这些创新的新型存储和检索产品，加上公司一直有捕获所有数据的驱动力，也为一个艰难的分析和商业智能市场培育了新生命，因为即使一个公司已经捕获和存储所有的数字数据，它仍然需要提取数据，并用可以产生一些有价值的东西的方式解读它。这些基于云的分析服务允许任何规模的公司在更长的时间内分析更多的数据（更大的数据集），并寻找相关性和“信号”，如销售趋势的开始，对特定数字广告的兴趣等，这是使用过去的传统关系数据库类型技术无法找到的。因为这些分析工具是专为搜索而开发并用来解释非结构化数据，这打开了每家公司开始将本身的企业客户数据与社交媒体、即时消息、电子商务和搜索活动的结合之门。

这就是大数据可以与云交织在一起进行演化的原因，尤其是那些可以将所有关键的大数据特征进行结合的平台（如 NoSQL/Hadoop 框架既具有通过低成本计算机分布式节点得到的进行大规模并行计算和存储的能力，又是解释数据的分析和商业智能工具）。

支持 Hadoop 云平台的公司在市场上的成功是这一增长领域重要性的体现。

例如Cloudera，这是一个结合Hadoop技术和云计算服务的初创公司，估值有41亿美元，风险投资的IPO也达到了9亿美元。其估值这么高的一部分原因在于一直致力于自己Hadoop云平台的英特尔决定并购Cloudera，购买该公司18%的股权（英特尔认为Cloudera将在世界各地服务器的英特尔芯片上运行）。同一周，另一个基于Hadoop的云计算解决方案提供商Hortonworks在雅虎投资了最初2300万美元的基础上，从BlackRock和Passport Capital手中又募集了1亿美元。一个重量级的基于Hadoop的云平台Map R，也募集了1.1亿美元的资本，其中大部分来自Google Capital。

基于云的存储前沿也有类似的热度。诸如Actifio（最近获得了1亿美元的融资）或EMC这样的公司也拥有大量的企业客户。此外，一些软件公司如WANdisco或者Fusionex也在与行业领军的开源软件提供商Hortonworks与Cloudera合作帮助其他公司管理和解读所存储数据。在未来几年内，提供数据挖掘和分析服务的供应商数量预计将翻两倍，2014年其市场预计将超过45亿美元。

而且，还有一些像IBM、Oracle、SAP、Teradata这样的传统巨头也面临着创新者窘境：一方面意识到公司需要向云服务的方向演化，另一方面担心这种演化对它们内部传统硬件和软件平台的冲击。受影响的不仅仅是许可营收，硬件厂商知道基于云计算的Hadoop技术的一大卖点就是他们可以在低成本的原始设备制造商（OEM）的服务器上运行。这意味着传统的硬件公司在市场份额和价格方面的优势受到了威胁。有一段时间，似乎这些大公司基于云服务的大数据和分析仅仅是口头上的，但它们的转型似乎是不可避免的，而且它们正在研发支持迈向云服务的并行产品。惠普的HP Helion计划推出了开源云软件OpenStack，鼓励企业建立自己的私有云系统以替代传统的云平台。IBM投资超过10亿美元的新数据中心（希望与亚马逊云计算服务公共云产品竞争），随着另一个10亿美元的投入继续扩大其在超智能"认知"电脑如"沃森"上的影响力，该项目着眼于基于超大数据集获取问题的答案（而不是识别趋势）。事实上，就解决问题的标准和分析而言，在很多方面 IBM 都是大数据的主要倡导者。在 2012 年，IBM 在其大数据相关的产品和服务上就有 13 亿美元的收入回报。

回到我们技术民主化的主题。就在几年前，只有少数跨国互联网科技巨头（这些巨头是这些平台发源地，也是其最大的和最先进的销售商）才拥有这样的存储、检索和分析技术。但云计算和大数据技术的出现，意味着几乎任何一家公司都可以将大数据整合到其业务战略中，这就是我们需要的大数据商业策略。

Digital Exhaust

What Everyone Should Know About Big Data, Digitization, and Digitally Driven Innovation

第 10 章

大数据世界的商业行为

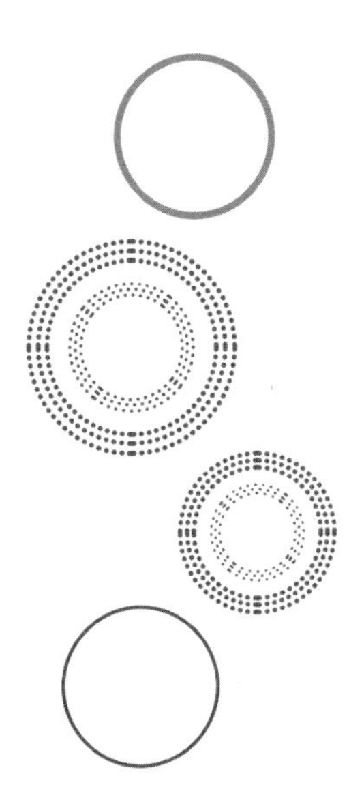

- 调查显示在各行各业中进行的大数据项目产生了大量的数据。
- 大数据项目能够受到公司内各种功能部门的支持，但是大多数是由销售和市场营销驱动的。
- 新级别的数据管理层级意味着传统的首席信息官（CIO）正在演化出另一些首席级的职位，包括首席数据技术管和首席数据市场官。
- 公司管理者关注一个大数据项目，需要先考虑架构、组织以及安全等各种因素，再决定一个大数据项目策略。

在这个大数据及互联网经济的世界里，机构学会如何管理数据将是非常重要的竞争优势。后台支持功能已不再仅是基于内部商业流程来产生静态报告，对现今许多企业来说，企业级数据管理是至关重要的。并且因为各类原因，大数据现在被大多数企业视为不可或缺的企业数据管理策略。并且我们已经发现，将近 85% 的企业声称参与了某类大数据项目。

然而，我们一直在寻找的新技术是很强大的，向多平台架构和可以支持高级大数据商业智能和分析软件存储能力的转移是不简单或不便宜的。以成本效益为目标建立的大数据可能困难重重，因为数据收集和分析的方法要从纯结构化改变成结构化或非结构化，这涉及与以往不同的数据来源和数据准备。这还需要不同的技术、额外的技能以及对流程和组织文化的改变，当许多组织继续与当前的 IT 复杂性水平斗争时，就会发现它们难以从传统企业系统中获取预期的价值。

我们已经探索了如何在各种专业领域使用大数据，我们还发现随着工业互联网的出现，现在（或即将）将有数百万个传感器和自动报警组件可用于生产运输类公司的供应链。我们已经看到，从零售商到慈善机构，几乎每个组织都试图利用来自各种来源的客户数据，以便使用新的数字技术，特别是手机，向这些客户推销或做广告。我们还看到大数据对许多人来说意味着许多事情，但对于许多公司高管来说，大数据只是相当于更大型的信息技术。为了了解大数据项目与传统 IT 基础设施改进之间的差异，让我们现在来看看公司在未来几年会把什么看作主要的 IT 优先级。

大数据项目

从企业的规模来看，正如所期望的，那些已经迅速进入大数据领域的组织都是那些更具规模的组织。2013 年，通过 NewVantage Partners 的调查发现，近四分之一从事大数据项目的公司至少雇用 500 名数据挖掘师和数据分析师，25% 的受访者表示，他们计划每年在大数据项目上花费超过 1000 万美元。在未来三年内，一些较大的集团计划的每年花费超过 1 亿美元。所有受访者的平均大数据计划支出是惊人的，未来三年平均每年支出 1400 万美元。这是大公司的大数据（巨大的成本），反映了如今数据收集的整合本质，参与调查的巨头有：大型制药公司（阿斯利康、强生），金融服务企业（瑞士联合银行集团、Freddie Mac、贝莱德集团），或像 CVS / Caremark 这样的零售企业（如图 10-1 所示）。

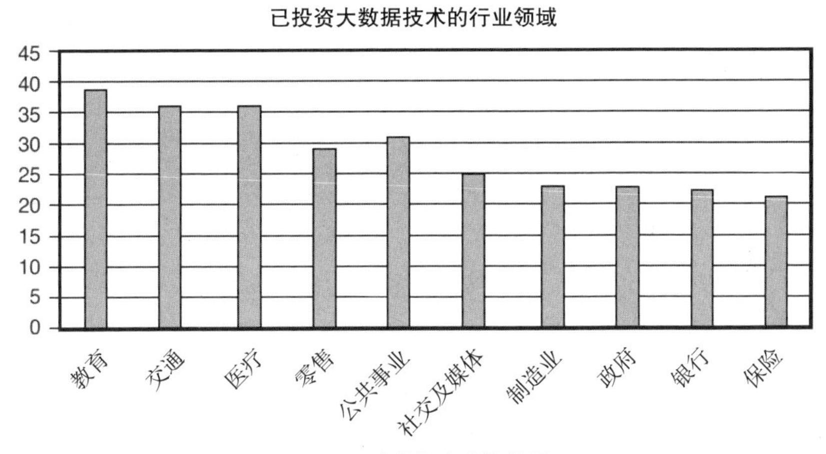

图 10-1　大数据产业聚焦图

数据来源：Gartner

这并不是说，中小企业对大数据项目不感兴趣，通过调查显示，大多数小公司更有可能选择预先构建的分析工具，例如现成的工具和云、专门针对特定垂直行业进行设计如健康保健、小型制造业、运输行业并提供关键解决方案、不需要在员工培训、项目管理或技术上投入巨资。对于公司具有的潜在大数据而言，这种方法还很难说是否可以带来最强大的表现。在很多方面（这是我们在本章所探讨的），很可能大多数中小企业只是想扩大它们当前的商业智能和分析能力，包括更好的客户和社会媒体的数据管理，而这种策略更多地倾向于一些传统 CRM 插件（以有限形式集成的 NoSQL / Hadoop-like 产品或基于云计算的程序），而不是企业系统的大量重组。

要了解大数据对各公司意味着什么，这有助于查看各公司要在大数据项目中寻找何种类型的效益。依照 NewVantage 的调查，各公司称它们希望实现各种效益，从运营效率到新产品创新。有趣的是，可能是因为大量金融服务公司和大型制药公司的参与，64% 的公司回应说，它们使用大数据进行新产品开发和创新。一些公司还提到了减少风险和提高产品质量或以此作为目标。它们所寻求的许多好处反映了它们需要更好的决策能力。但是当被要求确定最大的机会时，一半以上的企业回到了更好的客户洞察、增加销售和客户忠诚度的主题上。

有趣的是，这也反映了它们对传统系统持续地感到沮丧，事实是，许多公司希望使用大数据项目来克服数据集成和数据访问问题。NewVantage 调查中最显而易见的统计信息之一是，超过一半的公司回应说它们的大数据项目的主要目标是能够访问“相关、准确、及时的数据”。60% 的受访者表示，它们希望将大数据技术应用于它们已经收集的数据。简而言之，它们希望大数据项目帮助它们克服数据孤岛、缺乏获取相关数据等问题，这些问题至今仍困扰着很多公司。在调查中，超过一半的公司表示它们目前对于“相关、准确、及时的数据”的访问是远远不够的。Avanade 通过类似的调查发现 43% 的公司表示它们不满意现有用来过滤无关数据的工具，46% 的人说由于糟糕的或过时的数据，导致它们做了不好的业务决策。

这意味着公司经理们相信目前已收集的数据仍有许多未开发的价值，也同时反映了各公司需要更好的数据以及更多（或更多样）的数据来源。在某种程度上，它可能也反映出一些公司的简单希望，它们希望大数据帮助它们克服许多问题，它们仍在试图从它们的传统企业系统（可能错误配置和未充分利用）获取更大的价值。

调查还指明了三个大数据的特点（数据量大，来源广泛，新的搜索和分析技术），许多公司都在强调各种规模化，希望能够分析新类型（主要是消费者互联网）的数据，而不仅是新的大量结构化的、事务性数据。事实上，根据一些分析家的观点，现今 80% 的企业处理的数据量少于 2TB。简而言之，它们不是在寻找大数据，而是在寻找不同的数据。但大数据的基本原则之一是准确性和源自大数据集的洞察力；纯粹的大数据主义可能会认为，有一些小数据或可能有效的“智能数据”（通过将大数据技术与较小的数据集相结合产生），作为各种大数据的小子集依然有商业效用。

另一方面，大多数 CIO 知道，他们在日益增长的大量数字数据收集工作方面有着很大的工作压力。高德纳咨询公司最近的一项调查显示，超过一半的 CIO 回应说他们的组织正处于由“数字海啸”引发的“真正的危险”中。现今许多公司主要关心的是企业无法优化相对强大的数据分析工具，它们现在只是对已收集的结构化数据进行简单分析。因为有限的资源和根深蒂固的思想，经常不兼容的科技技术和信息管理技术，许多公司仍然挣扎在基本数据管理问题上，而且它们可以辩称拉进来或分析更大规模或更多类型的数据容易导致数据“扩张”。受限于这类技术或组织限制，或者只是被当前的数据扩张所淹没，它们限制自己使用数据子集，这样任何大数据项目的价值将被削弱。与此同时，如果现在这些公司还有着基本的数据集成问题，那么大数据、各种各样的来源和不同类型的数据可能只会加剧这些基本数据管理问题。

谁想要大数据项目

但与过去不同，那时公司的高级管理人员经常很少理解（或关心）在 IT

方面发生了什么，如今大数据项目由组织内的各种高级管理人员驱动。现在它当然是一个在“管理层”中广泛讨论的话题，在 NewVantage 的调查中，85% 的项目是由 CXO 级高管（或业务线的负责人）驱动的。并且大数据甚至超过了 ERP 系统，似乎还影响着跨组织的多条业务线。

这可能是因为大多数大数据项目比一般的科技项目还要受市场营销或销售的驱动，有时候在自有独立的软件框架基础下，销售团队迫切需要更好的客户数据（通常是通过基于云的应用程序），并且营销团队希望设置和控制自己的数字营销活动。这似乎是一个自然演变，因为数字营销的巨大增长，从移动消费者应用程序到客户分析，那就是大数据的关键应用是由市场营销部门驱动和使用。它还强调了数字处理能力在市场营销功能方面起到了越来越重要的作用。超过 80% 的年度营收为 5 亿美元的公司现在有首席营销技术官职位，Forrester 最近估计，营销部门在公司内部的 IT 支出将增长两到三倍，超过了企业整体 IT 支出的增长速度。这给 CIO 带来了更大的压力，因为要有数字领导力，特别是近三分之一的营销人员在最近的一项调查承认他们认为 IT 部门“阻碍成功”。这并不是 CIO 在我们进入这个数字化经济阶段时所需要的声誉。另一方面，大多数营销人员并不是那种仔细和周密的技术人员，可以确保数据的备份或安全。在许多方面，增加员工技术能力、基于云的应用程序的可用性以及压倒中央数据中心的“数据洪水”的组合意味着这不是朝着以 ERP 为核心的数据集中化方向发展，如今许多组织寻找一个受困扰的 CIO 来试图控制整个组织中的 IT 无政府状态（更不用说恶意软件传播）的传播。

首席数据官和首席分析官的增长也反映了数字技能在公司领导层中日益增长的重要性。当然，首席运营官和首席采购官一直在整个供应链中提倡使用过程和性能监控技术。金融领域的数据技术在之前的时代中已走在了前列，具有分析、技术和统计技能的数据科学家可能会更容易走上通往成为高级管理人员的道路。

所有这一切意味着 CIO 的传统角色正在迅速演变为业务数据战略家：一个了解数据管理业务的人，足以确保公司获得必要的数据给养以做出决策，创造供应链效率，或以最佳方式向客户销售。随着越来越多的公司将它们的基础设施管理部署在云中，首席数据官可能很快就取代了高级管理人员中的 CIO。

大数据策略的考量

那么一个公司如何确定其大数据策略呢？有许多战略发展路线，但在进入大数据项目之前有一些事情值得思考。

首先，为什么你的公司正在转向大数据？在最广泛的层面上思考一下这个问题是重要的。许多公司希望能够通过捕获更多和不同的数据来获得洞察力。其他公司（近 60%）已经有了可用的数据，希望能够更好地进行分析。仍然有些组织认为转向大数据以抢占性地管理未来可能面临的问题，如构建可扩展性或更好的安全性，是必要的。第一步可能是重新组织围绕移动应用程序的员工和客户数据活动或者定位组织以更好地利用云的不断增长的容量。

无论组织的目标是什么，一个大数据战略项目最重要的第一步是了解需要哪些数据，哪些数据是可用的。例如，组织想要捕获多种结构数据、情感数据还是流媒体？公司是对网页日志和元数据感兴趣，还是想捕获更详细数据？数据从何而来？通过公司系统或第三方捕获，或者只是从数据经纪人那里购买？这可以有助于 IT 审核需求报告，而这些请求是最近由 IT 从各个业务单位获取的（这些需求可能仅只反映公司用户认为他们可以从 IT 部门得到的，而不是他们真正想要的或需要的）。

也要考虑公司数据需求的源头。举个例子，如果收集客户点击流或搜索多个数据源的数据，是否能确定公司可以捕获或出售数据？如果是的话，数据的使用或复用有没有限制？公司能保有这些数据多长时间？大多数数据集来自客户相关网页活动，是受法律控制的类型（数据隐私或法规遵从性、使用权等），在使用时可能需要同意客户通过法律审查协议合同条款。即便 Facebook 也必须应对消费者信任的问题，如果客户认为数据可能被滥用或出售，将不太可能愿意在 Facebook 上分享信息。在数据隐私方面，企业应该有什么样的政策呢？

还要考虑准确性和完整性（数据"清洗"）或数据延迟：何时数据被认为是新鲜的或陈旧的、过时的、不准确的，还是重复的？即使该公司希望利用大数据集，数据也需要更加一致和清洁，这样对大数据更有利。考虑需要使用何种方法"处理"数据，以及是否值得这样做。尽管大数据纯粹主义者念叨着"收集一切"，但并不是组织收集的所有数据都是有用的，捕获大型数据集也并不意味着所有数据治理规则都暂停了，存在大量对任何组织都是无关的数据是无法为业务需求服务的。组织需要一个政策，不仅针对如何保持数据，也针对如何摆脱它，甚至最相关的问题是"捕获和分析这些数据能提升我们的利润吗"。这需要数据分类的政策，并应包括整个组织中业务部门的代表。

一旦你了解你的组织需要什么数据，重要的是尝试对容量规划的首次削减，并尽可能准确地计算在未来三到五年内将收集多少和什么类型的数据。可以开始从中考虑成本、存储容量和架构需求方面的影响。

最后，考虑公司内谁需要看到数据，以及以什么形式看数据。重要的是识别数据的用户并思考能让他们使用数据的最佳方式。不同群体需要如何看待和使用（可视化）的数据，是否需要预测建模和预测工具，或更高级的报告和分析工具，并通过工具确定事件相关性、经济建模或统计模式？大多数高级分析不仅需要数据科学家和数据分析师来配置报告生成器，而且需要解释和解读报告本身。如何使这些数据对整个组织中只了解如何使用电子表格技术的员工有意义？由于此信息应该在整个组织（通常在 PC 和移动设备上）可用，因此请考虑可以为不同级别和不同业务部门的员工提供这些高级分析的分发系统类型。

架构战略考量

组织面临的最重要的一个考量因素是如何适应大数据技术，也即如何以合理的成本获得新的大数据能力，并尽可能减少对公司的干扰。但是，正如我们所看到的，大数据框架涉及捕获大量非结构化、混乱的数据，然后通过分布式计算节点，通常是通过云分散存储；这是几乎与传统的 RDBM 系统完全相反的命题，传统系统在有序的表中收集结构化的、干净的数据并在内部服务器上管理该数据。那么，一个组织如何调和这两个“中心”：清洁和混乱、集中和分布、离散和巨大、旧的和新的？

大多数组织最大的担心是它们当前的系统，如 ERP、CRM 和 SCM 模块，已经配备了数据仓库和分析，但都是基于传统的内部存储和检索技术，如关系数据库、SQL 等。这些传统的“基于模式”的平台是大多数组织的“主干和神经系统”。通过这些系统的数据：会计和财务数据、客户数据、产品数据、性能信息通常对公司的日常运作很重要，而且如果公司幸运的话，它们应该是结构化（加入使用数据工程努力开发的表和列）的，是稳定的。很少有公司领导者想要改变或扰乱这种稳定性，或者更糟糕的，想要危及系统或数据的完整性。

大数据环境：云计算、NoSQL、类 Hadoop 技术和高级分析是完全不同的。它可以使用公司已经收集的结构化数据，但是要从搜索、存储和分析中获得真正的价值，需要用各种其他类型的不太稳定的非结构化数据来扩充该结构化数据。Hadoop 和云假设原始数据混合在一起，以便可以平等地使用并且都可以同时访问数据。正如我们所看到的，大型企业软件和关系数据库公司（Oracle、SAP 和其他公司）了解了情况，并在将结构化数据的 RDBMS /

SQL 平台集成为适用于非结构化数据的 NoSQL / Hadoop 类技术方面取得了一些进展，但在这一点上没有一个单一的、全面的框架可以覆盖公司可能希望在单个数据库系统中分析的所有数据（结构化和非结构化）。

正如我们所看到的，有一些中间地带：每天都有小数据（有时称为“智能数据”）应用程序结合了一些搜索和数据管理灵活性的 Hadoop 类技术与基于云的应用程序和存储出现。它们有自己的价值，但即使使用这种方法，也会有迁移成本和预付费用，仍然经常涉及从主数据库和企业系统中分离、提取和存储数据，并将数据“转储”到单独的、（通常是）基于云的存储设施中。

由于所有这些原因，许多组织对于大数据搜索和分析的优点是否能调整这样的基础设施剧变是有疑问的，并且想知道将这两种不同框架结合其特定组织的最佳方法。对它们而言，有三个广泛的配置选择。

自己动手“添加”到公司目前的企业 IT 结构上

即使它们对当前的数据捕获和分析水平不完全满意，大多数考虑采用大数据技术的公司已经拥有一个人员配备以及基于 RDBM 系统和传统数据仓库的相对现代的 IT 框架。任何已经使用企业系统和数据仓库管理大量结构化数据的公司因此相当精通大规模数据管理的日常问题。这些公司似乎很自然地认为，由于大数据是信息技术发展的下一个重要事件，因此它们只需要构建一个 NoSQL 类型 / Hadoop 类型的基础设施，直接并入它们当前的常规框架。事实上，咨询和 IT 市场研究公司 ESG 估计，在 2014 年初，超过一半的大型组织将已经开始采用这种自己动手类型的方法。正如我们所看到的，作为开源软件，Hadoop 类型框架（免费）的价格是有吸引力的，又是相对容易的，只要公司有具备必要技能的员工，就可以开始把 Hadoop 应用程序应用于内部数据或存储在云中的数据。

也有各种尝试 Hadoop 类技术的方法使用公司正常运营之外的数据、试点项目或者保罗·巴斯（Paul Barth）和兰迪·比恩（Randy Bean）在《哈佛商业评论》（*Havard Business*）的博客网络上描述成一个“分析沙盒”的东西，企业通过这些方法可以尝试亲手将大数据分析应用于结构化和非结构化数据，以查看可以发现的模式、关联或洞察的类型。

但是，为市场部实验的一些 Hadoop / NoSQL 应用程序，与它们的要求相去甚远，它们要求开发一个能够捕获、存储和分析大型多结构数据集的完全集成的大数据系统。事实上，企业级 Hadoop 框架的成功实施仍然相对少见，并且主要成功领域是金融服务或制药行业中非常大的和经验丰富的数据密集型公司。正如我们所看到的，许多大数据项目仍然主要涉及结构化数据并依赖 SQL 和关系数据模型。大多数情况下，完全非结构化数据的大规模分析仍然停留在强大的互联网技术公司，如谷歌、雅虎、Facebook 和亚马逊，或大型零售商如沃尔玛的手中，这是一个严峻的情况。

因为这么多大数据项目仍然主要基于结构化或半结构化数据，以及补充当前数据管理操作的关系数据模型，所以许多公司转向它们的主要支持供应商，如 Oracle 或 SAP，以帮助它们在新旧系统之间建立桥梁并将 Hadoop 类技术直接纳入其现有的数据管理方法。例如，Oracle 的大数据应用（Oracle’s Big Data Appliance）声称，一旦考虑到各种成本，其预配置的产品将比同等的自制系统成本低约 40%，并且启动和运行在三分之一秒内完成。

当然，将大数据技术直接纳入公司的 IT 框架越充分，数据扩张的复杂性和潜力就越大。根据配置，完全集成到单个大规模数据池（如大数据纯粹主义者所倡导的）意味着将非结构化，不干净的数据提取到公司的中央数据存储库（即使该数据是分布式的），并可能共享它们用于分析、复制以及可能由整个企业中的各种用户加以改变，通常由于不同的原因使用由不同程序员编写的不同配置的 Hadoop 或 NoSQL。此外，需要雇用昂贵的 Hadoop 程序员和数据科学家。对于传统的 RDB 管理者，这类方法引起了已经不堪重负的 IT 工作人员对不可思议的额外数据灾难、成本和救援工作请求的恐惧。

让其他人在云端做

让人们在云端实现构建自己的大数据方法的一个显而易见的替代方式是有效地租用关键的大数据应用程序、计算和使用云源、Hadoop 类解决方案存储，从自己的组织中提取数据到一个存储在云中并由自己的数据工程师访问（或者甚至完全由其管理）的公共存储库。在这种情况下，基于云的存储库可以包含结构化和非结构化数据，并且可以与结构化的日常运营、财务和事务性公司数据完全分开，而这些将仍然限定在公司的企业和关系数据库管理系统中。这种方法在前端需要一些思考和数据管理，但一旦结构化和非结构化数据的云存储库可用，公司就可以尝试大型数据集和基于云的大数据分析技术，而忽视底层框架。

除了公司不必购买和维护硬件和软件基础设施这一事实之外，这种方法的最好之处在于它是可扩展的。公司可以尝试不同来源的不同类型的数据，没有巨大的前期资本投资要求。项目可以是小规模的（分析少量的产品或客户或社交媒体网站），也可以是按照公司需求的一个复杂的项目。还有，最重要的是，公司不需要修改当前系统或自己运行一个并行的内部系统。

这好像是完美的解决方案，但是，总还是会有缺陷。首先，即使租赁技术真的能够应付巨大变化的数据，这并不意味着所得到的模式或相关性会有意义，除非一开始就进行了彻底的数据清理和分类过程。虽然基于云的工具具有明显的优势，但每个公司都有不同的数据和不同的分析需求，而且正如我们过去所看到的，一刀切的工具很少像广告一样有效或易于使用。当然，当收到结果扭曲的报告时（和发现自己来解决技术问题完全是徒劳的努力），来自营销或销售部门的用户很可能转向 IT 部门寻求帮助。这本质上意味着，大部分 IT 人员仍然需要从事大数据管理，并接受工具和数据模式准备的培训，这样让这种方式能够起作用。如前所述，最终会使用小的数据子集，即使数据来自各种来源，并且被 Hadoop 或 NoSQL 技术分析过，这实际上是比大数据更常规的商业智能（带有附加功能）。

基于云的供应商显然是意识到了这些问题。它们知道，为了让这个模型能工作，基于云的公司需要让它们的产品尽可能易用、灵活和强大。一个很好的例子是 Hortonworks 和 Red Hat 之间最近结成战略联盟（Hortonworks 提供 Hadoop，Red Hat 提供基于云的存储），它们说合作包括预配置、业务友好和可重用的数据模型，并强调协作客户支持。

运行并行的数据库框架

第三种配置包括单独构建大数据系统而且与公司现有的生产和企业系统并行（而不是集成在一起）。在这个模型中，大多数公司仍然利用云存储数据，但开发和实施企业自己的大数据应用程序。这种两端的方法允许公司构建未来的大数据框架的同时在公司内部建立有价值的资源和专业知识。这提供了完整的内部控制，以替换当前系统的功能冗余，并允许将来迁移到完整的大数据平台，最终允许两个系统（常规和大数据）合并。

这种方法的问题在于，在许多方面，大数据框架的本质与传统 IT 是不同的。传统 IT 还涉及应用程序、操作系统、软件接口、硬件和数据库管理，而大数据涉及一些数据库工作，但主要涉及复杂的分析和构建有意义的报告，这需要不同于如今大多数 IT 部门中能找到的技能。虽然这种并行配置在规模经济（共享现有计算能力，利用当前工作人员等）方面呈现一定水平的节省，但现实是，这些节省可能仅以牺牲必须设计和管理新旧系统的复杂接口为代价。

大数据技能考量

一个更重要的事情是要在考虑大数据项目时，就要关注所需的新技能：理解对于组织而言如何评估和收集可用的数据源，使用 Hadoop 类技术挖掘和操纵数据、分析和解读大数据分析工具的输出。这些都是将数据转换为有意义的情报所需的技能，而且因为许多这些技能在当今的组织中并不容易找到，这意味着公司可能需要雇用昂贵的员工并设计新的、专门的角色。

大数据技术工程师

正如我们所看到的，任何计划都需要公司内部有一些大数据相关的语言、架构和数据库工程技术专业知识，这就需要一个罕见的 Hadoop 类技术数据工程师，他可以和数据分析师一同搜索和挖掘数据、创建和管理 NoSQL(或可能是 SQL)/ Hadoop 基础设施并处理好有用信息输出的过程。

数据分析师 / 数据科学家

想要确定哪些数据能进入 Hadoop 框架并在数据出来时解读数据（而不是配置技术本身），就需要一个熟练的数据分析师或数据科学家。通常带有数学、统计或工程背景的数据分析人员将决定可以使用来自哪些来源的哪些数据，并应用允许 Hadoop 工程师为该类型的数据创建逻辑模式的统计结构。他们还需要用结构化方法来建立所收集的变化广泛的数据量和数据源之间的统一算法，并帮助理解和运用正确的分析工具，以便一旦处理所有数据，就产生有意义的和准确的结果。他们被称为数据科学家，因为他们需要有系统的、基于假设的推理，允许他们设计统计模型和解释揭示相关性、模式和洞察力的算法。他们还在征求组织内各部门的数据需求方面发挥了关键作用，并为这些部门提供了一种对它们最有帮助的可视化信息的方法。这意味着这些分析师不仅需要关注 IT 功能，而且需要关注在整个组织内的营销、销售、采购、物流、库存或生产等关键使用场景。

70% 的组织表示，他们计划在未来三年内雇用这类员工，然而，由于缺乏可用性以及和技能成本高，近 80% 的 NewVantage 调查受访者表示，他们已经发现这个“挑战”到了“极其困难”的水平。对这些技能的需求反映在这些技术领域最近的工资上涨，2013 年美国技术工人的平均薪资攀升至 87 811 美元。根据 Dice 的 2013 年至 2014 年薪资调查，十大最高薪资的 IT 薪资中，有九类薪酬是为这些大数据相关技能所开的（如图 10-2 所示）。

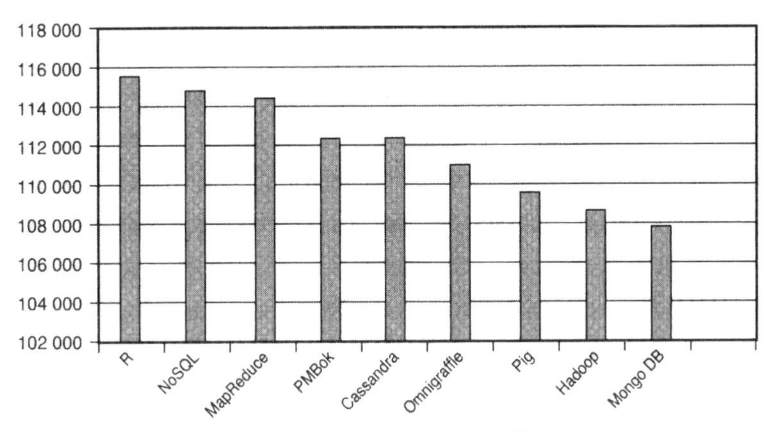

图 10-2　2014 年美国十大 IT 薪资

数据来源：Network World

考虑到这些技能的严重短缺和需求的增长，对大数据感兴趣的组织选择对当前在这些领域的员工进行培训是有意义的。为了增强大数据在未来的作用，大多数组织可能会发现有一群志愿者渴望亲自来获取这些高薪技能。但是说起来容易，做起来难。根据高德纳咨询公司的说法，只有三分之一的公司相信他们可以利用现有的员工推进大数据计划，因为他们现有的工作人员不仅充分参与工作，而且对职位要求严格，这会促使公司招聘现有员工中缺少的数学、统计或工程高级学位的毕业生。

即使是最大的公司也可能无法涵盖大数据计划中所需的所有技能，因此他们都需要寻求外部顾问，或者特别是技术 / 工具供应商的服务。

大数据组织考量

正如我们所看到的，大约 80% 的公司对 NewVantage 调查做出回应说，大数据计划涉及的内容跨越多个业务线或功能（如图 10-3 所示）。然而云上的大数据应用程序的可用性对部门的单边项目而言是很有吸引力的。IT 部门抱怨业务线不了解运行大数据计划涉及的安全或技术问题，并且业务线功能表示中央 IT 部门不熟悉业务、数据需求、拖延开发请求，并且不响应它们在新环境下的需要。这些情况并不少见。

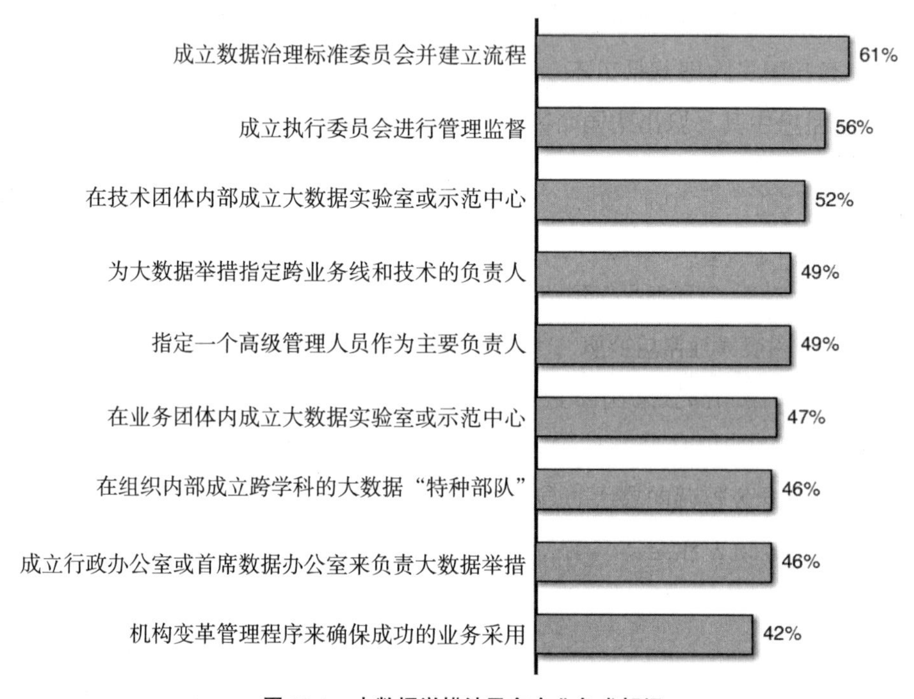

图 10-3　大数据举措涉及多个业务或部门

资料来源：2013 年 NewVantage Partners 大数据管理层调研

这个集中化与分布式权力斗争是一个老问题，但公司大部分的新数据的探索往往来自非结构化数据源：网络、聊天工具、社交媒体，特别是营销和销售功能，只需转向云应用，不受中央 IT 部门的监督。这意味着，由首席信息官和数据库管理员（曾经拥有数据的用户）执行的传统集中控制正在迅速受到侵蚀，有利于集中式 IT 帮助中心或共享服务中心派出技术人员来帮助保持部门特定举措的启动运行。IDC 最近的一次调查发现，32% 的部门在没有公司中央 IT 功能支持的情况下“部分”使用基于云的服务，而有 12%“非常全面”地使用基于云的服务。这可能表明了部门的新独立水平，但也反映出它们的沮丧。为远离 IT 抱怨，这些部门已经单方面采取行动了，事实上，这些部门主导的计划中有 40% 没有得到中央 IT 技术的支持。这一趋势将持续下去：根据高德纳咨询公司的说法，到 2020 年，将近 90% 的技术支出将来自中央 IT 之外的部门。

对某些人来说，这种去中心化的模式，使每个部门或职能都有自己的方式，是种受欢迎的自由，简单反映了我们之前探讨的权力从首席信息官转移到首席营销技术官。对其他人（尤其是对目前很多的首席信息官来说），这是一场将要发生的灾难。当然，基于云的应用程序确实能够更灵活地使用 IT 资源，但部门的独立具有明显的缺陷。缺乏中央 IT 控制可能意味着资源的重复，以及缺乏对孤岛部门之间数据共享的关注，每个部门都有自己的一套专家分析师和自己的数据收集程序，可能意味着效率低下、战略缺乏连续性。除此之外，部门的独立还能导致有效治理和数据安全方面的重大风险。

大数据治理和安全考量

大数据问题现在出在管理层是件好事，因为如果收集和出售客户数据是大数据计划的重点，那从管理和隐私方面来说，它会是一件严肃的事情。公司最后需要的是部门或职能部门在收集、使用和安全方面设置自己的标准。事实上，一个清晰彻底的企业范围的数据宪章是至关重要的，同时要向各级员工灌输个人责任的概念和客户数据的“管理职责”。

风险资本家特德·施莱恩（Ted Schlein）最近做了一个有趣的观察，他注意到有两种类型的公司：已经有数据泄露并清除此问题的公司，以及已经有数据泄露但还不知道此问题的公司。自从电脑存在起，黑客就已经存在，并且可以肯定的是，互联网最初就对他们开放了访问。在过去，当计算机安全漏洞发生时，很少会公布那些被当成目标的公司，但是现在公司数据库中充满了各种形式的客户数据，数据安全已经成为客户关系和公司核心业务不可或缺的一部分。

在过去的几年里，我们都听说过或者读到过一些更为惊人的数据泄露事件。多年来，塔吉特一直在吹嘘其客户数据收集能力，但当供应商的电脑侵入其销售网点系统时，塔吉特丢失了 7000 万客户详细信息。Adobe 在 2013 年夏天宣布黑客已经成功地破解其系统（甚至可能访问 Photoshop 和 Acrobat Reader 的源代码），并窃取了 3800 万用户的加密密码。早在 2004 年，微软就被黑客窃取了源代码。

这些数据泄露不仅对数据被盗的客户有害，而且对公司有重大影响。在发布公告后的第四季度，塔吉特的首席信息官辞职，公司的收入几乎减少了一半。 单是数据泄露就使公司损失超过 6100 万美元。不仅是大公司被黑客攻击，较小的供应商和供应商的服务器通常从一开始就缺少有效保护，并且逐渐成为电子邮件网络钓鱼欺诈和数据窃取的目标。

迈克菲（McAfee）在完成一项研究后发现，1000 家中小企业：从牙医、医生、律师到小家族企业，90% 的公司没有对它们的客户信息采取保护措施。不到十分之一的公司对员工的手机采取了一些安全保护措施。不仅是客户数据（通常包括联系信息和信用卡信息）容易受到攻击，而且中小企业经常使黑客通过企业之间的链接连接到大公司的供应链（最终数据库），如塔吉特的案例。

欧盟对这些数据泄露和公司缺乏预防措施的现象感到非常失望，它提出了新的数据保护法律，其中包括一旦公司被发现是因未采取适当的安全预防措施而导致数据泄露，那公司可能被罚高达全球收入 5% 的款项。思科公司估计，2013 年网络犯罪增加近 15%，每年为全球经济带来约 3000 亿美元。毫无疑问，事情只会变得更糟，因为黑客比安全和加密技术领先一步。

显然，公司收集的客户数据越多，其试图向所有员工提供的数据越多，那么一旦系统遭到破坏，公司的财务和声誉损失就越大。然而，大数据计划的核心正是政策和实践：

- **为尽可能多的客户收集尽可能多的数据：**收集一切以应用大数据分析的想法也意味着公司在敏感和个人身份信息方面负责更多；
- **集中数据以增强单一公司视图（SCV）的能力：**美国情报机构发现它们有些沮丧，SCV 有其影响，其“连接点”政策意味着布拉德利·曼宁（Bradley Manning）和爱德华·斯诺登（Edward Snowden）通过单个入口点就可以访问数百万个文档；
- **为非公司员工提供数据访问：**与供应商和合作伙伴共享数据是现代数字供应链管理的固有部分，外部数字连接是公司 IT 生态系统中不断增长的一部分。例如，去年星巴克 IT 项目的三分之一涉及与客户、供应商或其他合作伙伴的整合；
- **允许部门收集和存储客户数据：**通过使用基于云的软件即服务框架的独立举措；
- **允许通过移动设备输入和访问数据：**这意味着员工不仅将工作电子邮件转移到个人手机上，而且独立注册基于云的存储应用程序（如 Dropbox），以支持其双重工作/个人文件存储需求（70% 的年轻员工在 Fortinet 最近的调查承认，他们通过云将个人账户用于工作）；
- **通过基于云的应用程序，使用 Hadoop 类的技术：**特别是如果配置不当，Hadoop 可能会允许恶意应用程序进入集群。

大数据的所有这些方面也是有大风险的方面，因为它们鼓励集中私人数据（通常是保密的公司和客户数据）和尽可能广泛地共享数据，并且（经常）未经授权（或至少不是直接监督）通过个人设备和云交换这些数据（如图 10–4）。

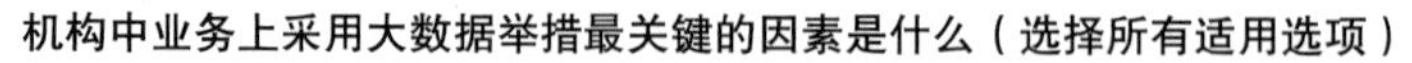

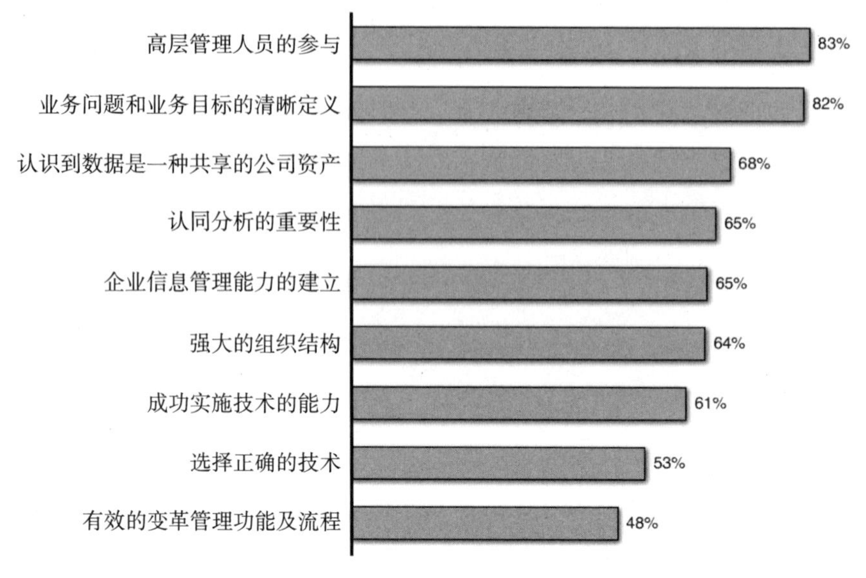

图 10–4　大数据项目中的组织变更事宜

资料来源：2013 年 New Vantage Partners 大数据管理层调研

首席信息官特别关注的是员工通过自己的手机（有时称为自带设备或 BYOD）访问公司应用程序和数据的趋势。虽然这对员工来说很方便，但它正在迅速成为一个严重的问题，因为公司发现自己越来越无法阻止数据被转发（如果通过私人电子邮件传递数据，则无法跟踪它），并且黑客通过移动恶意软件暴露公司和客户端数据，阿尔卡特–朗讯（Alcatel-Lucent）称，该类事件在 2013 年上升了 20%。目前，有三分之一的公司报告由于员工使用个人移动设备而丢失了客户数据。

所有这一切都引发了新的软件和管理技术：移动应用管理（MAM）。什么能帮助公司确保个人和办公室数据之间的分离，并使能够远程跟踪，甚至清除移动电话上的数据？这是在数字经济中向移动转移的必然结果，但也给不断增长的安全和隐私争议添加了复杂性。

事实上，具有讽刺意味的是，安全功能本身正在迅速向云端迁移，因为公司和个人不再在笔记本电脑和移动设备上加载大量数据和不断变化的安全软件，而是在输入设备之前由云计算的安全应用程序过滤数据。许多企业（例如 Vormetric、Safenet、Qualsys、Zscaler）现在为企业提供基于云的安全软件、安全分析和企业加密以及密钥管理。许多这些企业属于云安全联盟（CSA），这是一个非营利组织，由各种公司和从业人员组成，旨在促进云计算的最佳安全实践。

在这个快速发展的环境中，公司需要担心的不仅仅是数据泄露。如果数据是个人身份信息，无论是对员工还是对客户，都需要制定访问权限和授权。这不仅决定谁可以看到数据，而且能记录他们看到数据时所驻留的位置。当数据传输到云（或当使用 SaaS Hadoop 类平台）时，数据可能存储在世界各地，使其受到各种各样（通常是不同的，有时是矛盾的）数据隐私法，包括涉及这些数据的所有权、使用权、控制权甚至检索权的法律。对静态数据应用加密是重要的；当数据在运动时，事态还会变得更复杂。同时在各种国家司法管辖区存储重要数据资产可能比较保险。国家之间有互助条约，但是国家之间的政府搜索、扣押和保证法律差别很大，而且像货币和其他资产，公司数据受关税、检疫、制裁和其他限制可能只是一个时间问题。在世界各国，数据隐私法正在改变日常，而如果有任何不同的话，则是远未到标准化（我们在第 11 章中将探讨美国、欧盟、中国、澳大利亚和其他国家的不同数据隐私法）。

如果一个员工的手机通过使用基于云的业务应用程序（特别是如果该员工从未被授权将公司数据转移到该服务），那么谁负责涉及个人身份识别的客户数据的泄露？通过你的 Hadoop 集群运行的数据是否受到监管？当多方声明对该数据拥有所有权或访问权限时，会发生什么情况？这些都不是容易回答的问题，这一切意味着，随着公司选择大数据计划，公司数据管理者必须越来越多地考虑各种各样的数据所有权和使用它们可能不知道的法律，它们肯定从来没有遇到过这些。在下一章我们将讨论其中的一些法律，但说实话，这类问题对现在尝试大数据项目的任何公司而言，都将是它们面临的一个严峻挑战。

第 11 章
生活在大数据世界

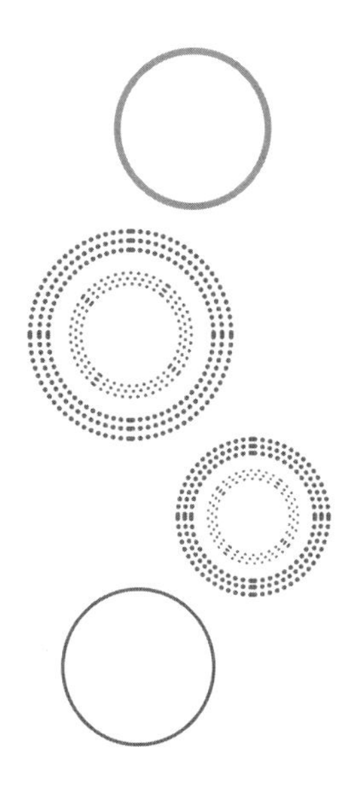

- 公民自由的倡导者认为需要新的法律框架来保护数字经济中的个人隐私权。
- 个人数据正因为黑客、诈骗和公司疏忽而变得越来越脆弱。
- 互联网的天性意味着个人数据一旦被发布，就不可再撤回。
- 斯诺登事件表明美国国家安全局的监控活动侵害了公民隐私权并破坏了美国的商业信用。
- 数据隐私法律的矛盾正在制造美国和其他国家之间的摩擦并损害了美国公司的竞争力。
- 如果不下定决心，这些大数据事件可能导致网络巴尔干化。

目前为止，我们已经通过商业和工业角度来研究大数据并积极地参与其中。然而每个人，不论是反技术者还是技术控，老人还是年轻人，富人还是穷人，喜欢或反感大数据的人，自身都会受到数字经济中的技术变革的影响。

正如我们所看到的，大数据拥有极其强大的能量，可以提高效率并洞悉一系列数据强相关领域，例如医学和经济。来自智能部件和业务绩效相关分析的供应链相关效率也是如此，大数据可以帮助确定错误部分或者流程瓶颈。从消费者的角度来说，这是一种浮士德式交易，事实上，大部分人都乐于牺牲部分的隐私来换取便利、储蓄甚至新鲜事物。这种权衡术对谷歌搜索和 Gmail、Facebook、Twitter 以及其他社交媒体来说是不可或缺的。同样，人们允许他们的汽车被监控来获得更低费率的保险，或是通过记录旅行习惯来取得更便宜的E-ZPASS套餐[①]。这种交易意味着这是历史上第一次个人信息变成了一种交易用的货币，并且还在不断地增长。这种交易已经进入人们的生活并且未遭到大量的抱怨。多年来的调查持续表明，当问及人们是更倾向为内容付费还是享受免费服务（代价是损失个人信息并收到定向广告）时，大约 90% 的人都选择了后者。大部分人，至少直到最近，都仍然轻忽地对待个人隐私，并在互联网上的大量免费服务面前弃甲投降。

然而消费者究竟愿意将这种交易进行到什么地步呢？随着大数据市场的急速扩张，云以及消费者和工业互联网的融合，每个人在未来都面临着不同程度的数据监控和信息暴露。甚至在相对早期的时候，几乎人人都能找到所有的他想了解的某人的信息——住在哪、做什么工作、房子值多少钱、过去做了什么、怪癖和犯罪记录、有哪些成就、朋友有哪些等。正如我们刚才讨论过的那样，各种各样的数据收集组织更加乐意出售这些个人隐私，而不是费力找那些要么不存在，要么被牢牢地保护在私人的上锁文件柜中的全人类的历史。

---

① 一种自动支付高速公路过路费的快捷系统，类似于我国的 ETC 系统。——译者注

我们也可以看到，许多组织站在这种浮士德式交易的对立面，包括互联网巨头和大规模信用机构，而它们实际上拥有的个人数据比它们公开收集的更多。从那些拥有电子签名的烤面包机、洗碗机或者吹风机中，人们可以收集到那些关于用户如何花费他们在家时间的线索。

再加上手机和新一代 RFID 芯片、闭路摄像头和面部识别软件，人们发现他们现在已经从实体上被监控了：被跟踪何时出门，通过走路、骑车或开车的方式去到了哪里。我们正处在可穿戴设备的变革边缘，这同样也会拓展对使用者身体的监控范围，比如捕获健康数据，如血压、心率、体温。智能手机的定位技术可以在用户接近一家餐馆或商店时提醒用户，提供基于个人数据的购买建议，甚至是整理他们曾经在互联网上搜索的偏好。谷歌、Facebook 和亚马逊都在大量投资无人机技术以用于提供独立的通信和（可能）从几千米的高空监视人或地方。绝大多数的互联网巨头，如谷歌、Facebook、雅虎和美国在线提供了为读者定制的新闻和娱乐，至少部分上是基于读者的喜好评价（一个“点赞”或反对、一条评论或转发）。这些响应本身为公司提供了更多的个人数据。当我们看到 Facebook 臭名昭著的行为实验时，如果新闻和朋友的评论能影响我们的态度和回复，那我们就是极易被操控的。事实上，这些互联网公司可以通过过滤新闻甚至增加它们自己的私货来给增加很多的潜在说服力。

乔治・奥威尔（George Orwell）在写他的反乌托邦小说《1984》时，可能从未想到监控、入侵和洗脑。但是在这种情况下，“老大哥”并非仅仅是强权政府，同样可能是商业巨鳄。而且这是由我们主动邀请的，而不是被强加的。

不是每个人都对事情的发展感到高兴，一些倡导自由的公民表示，我们需要一个严格的新法律框架来保护我们的隐私和公民权利在一定时间内不被在线曝光。其他人表示我们基本上已经看到了传统意义上“隐私的终结”，并且跨过了无法折返的点。

最近，很多人正在反思这些个人隐私问题，以及个人数据的收集正在失控的现状。2013 年 9 月的一项调查研究显示，大部分美国人（或许是被美国国家安全局和美国政府大量的公开大数据监控所影响）现在正在关心他们的隐私。事实上，86% 的人表示他们积极采取措施“删除或掩盖”他们的在线数字足迹。一个精明的报价在浮动，MetaFilter 社区的安德鲁 · 刘易斯（Andrew Lewis）警告说：“如果你不付钱，你就不是客户。你是正在出售的商品。”

一些人引用了“买者自负”的原则，声明用户愿意签署这种浮士德式交易，并且他们（不）需要支付，或至少得到了他们应该得到的。其他人则抱怨说起义很可能发生在那些每天坚持清空他们的浏览器或者是在他们电脑上安装基本数据安全保护软件的大多数用户中。

然而有一件事是确定的：社会不可能像鸵鸟那样将脑袋扎进沙堆，然后假装什么都没发生或是那些有能力去收集和出售个人数据的组织会自觉地在将来自我约束，改做传统生意。因此，什么是我们作为公民（而不仅仅是商人）应该做的，从而确保那些新技术是用来改善而不是损害未来社会的生活质量呢？

为了说明这一点，让我们从回顾一些在过去几年中发生的涉及收集和披露个人数据的更严重的事件开始。

信息窃取和欺诈

2013 年，信用机构 Experian 声称，它的系统中非安全的部分，例如银行和汽车经销商被黑客攻击了 86 次。除此之外，Equifax 和 TransUnion（另外两个大型信用机构）声称数据遭到了破坏，并且暴露了包括米歇尔·奥巴马和乔·拜登在内的个人账户信息。去年，南卡罗来纳州丢失了过去 14 年来的电子税单，包括纳税人的社会安全号。

索尼承认在 2013 年 4 月丢失了大约 7700 万用户的记录（这其中含有 1200 万未加密的信用卡账号）。TJX 公司、T.J.Maxx 和其他零售商的母公司的 IT 系统中有超过 4500 万的信用卡和借记卡被盗，这些信息被用于从沃尔玛盗取近 800 万美元（TJX 顾客数据是用来创建虚拟信用卡来购买沃尔玛和山姆会员商店礼品卡）。由于一台笔记本电脑被盗，使得超过 10 000 名美国航空航天局雇员的名字、生日、社会安全号和背景调查结果陷入危险之中。塔吉特、Michaels、Niemen Marcus、Adobe、微软都曾经遭受过安全攻击。事实上，这儿就有一些曾经被报道过在黑客攻击下丢失了数据的知名公司：

Automatic Data Processing Inc.(ADP)	BP	Baker Hughes Inc.	Bank of Swiss
Billabong	博思艾伦咨询公司	美国中央情报局	
花旗银行	Commerce Bank	美国康菲国际石油有限公司	Domino' s Pizza
埃克森美孚公司	谷歌	HBGary	Lockheed Martin
Marathon Oil Corp.	三菱重工	美国莫比尔石油公司	Oak Ridge National Laboratories
Public Broadcasting Service（PBS）	RSA	荷兰皇家壳牌集团	索尼
Sovereign Bank	国际货币基金组织	美国参议院	Twitter
美国合众银行	Visa and MasterCard	世界卫生组织	雅虎

资料来源：NuWave Backup

这只是我们知道的其中一些。2014 年来自英国的一个调查显示大约 43%

的英国大公司（雇员人数多于 250 人）在过去的 12 个月内遭受过盗窃或者未经授权的机密信息披露（但只有 30% 的这类行为被公开），这些公司花重金投入 IT 项目并且深知它们面临的数据窃取风险，然而它们依然不断地被骗子窃取敏感的客户信息。

犯罪和不法行为

同样令人不安的事实是，利用一个没有明确定义的法律框架和一个包罗万象的协议条款，许多公司将出售客户数据作为一种额外的收入手段。正如我们已经看到的那样，这包括了信用机构、互联网技术巨头，以及许多零售商和没有被注意到的在线跟踪公司。例如在线数据服务 OKCupid 出售从它们的交友申请中获得的包括年龄、性别、邮编、性取向，甚至是否吸毒的匿名信息。一个荷兰的 GPS 旅行服务软件给驾驶员提供了一种“快速路径”服务，与此同时出售使用者的信息给警察局，这样，他们就会被以超速的名义拦下来。大数据收集者，包括 Experian，Acxiom 和 Equifax 在 2013 年对参议院承认它们私下传递（并非特定的）列在“额外需求”分类中的个人信息（它们也一样出售那些归类在“财政困难”和“社会困难”的信息），包括一些高度敏感的信息，例如收入和信用记录，甚至列出了那些曾经的包括强奸在内的犯罪记录。这种被无情、诚实地描述的类别名（包括“依靠低保：单身退休人员”和“艰难的开始：年轻的单身父母”）暗示了这种细节被骗子利用的可能。骗子会在一些人最脆弱的时间点（还贷日、风险贷款结算日等）接触目标并通过电话销售或其他手段来对这些不知情的人下手。

有许多指控是针对非法出售个人资料的数字数据的。例如 2011 年 CVS 公司就在宾夕法尼亚州法院被指控出售其客户的资料：姓名、出生日期和用药记录给大型医药公司。谷歌也被指控好几次：因为它对 Gmail（和非 Gmail 用户）的监控以及提取个人信息，包括邮箱账号和密码；在周围居民不知道的情况下利用谷歌街景（被称为无线监控项目）对全世界的房子进行拍照。谷歌在 2012 年被美国联邦贸易协会罚款了 2250 万美元，因为其绕过了苹果 Safari 的安全设置和反跟踪模块，使谷歌可以收集数百万浏览器用户的个人信息而不被他们知道［苹果的 safari 浏览器只允许第一方（来自用户浏览的网站）cookies 以及默认模块的第三方跟踪软件］。同年，谷歌同意支付 5 亿美元给联邦政府作为罚款的一部分，由于其故意（且非法）允许无牌药店在谷歌网站上发布虚假广告。

数据收集公司、数据代理公司、应用程序开发者和招聘网站都在忙于和联邦贸易委员会打官司。雇用背景审查公司 HireRight 在 2012 年 8 月被罚款 260 万美元，在其违法行为中包括当被调查者对其调查结果提出异议时，它们没有采取后续行动。 两个月前，在联邦贸易委员会指控其违反《公平信用报告法》向第三方销售个人资料后，Spokeo 支付了 80 万美元的民事处罚。一年后，支票授权公司 Certegy 由于违反《公平信用报告法》被罚款 350 万美元。2013 年 5 月，Filiquarian 在承担了违反《公平信用报告法》并擅自出售消费者的犯罪背景报告的罪名后，美国联邦贸易委员会与该移动应用程序开发商达成了和解。2014 年，Snapchat 同样被联邦贸易委员会指控其承认删除的即时消息事实上并没有消失，而是被储存在了接受消息的手机上，并且可以通过连接电脑复制出来。它们同样承认下载了用户的通讯录和联系人，并且监控用户地点的行为，这些都违反了隐私条款。它们也受到黑客攻击，460 万 Snapchat 用户的用户名和电话号码都被公布在网上。

LexisNexis 以 1350 万美元平息了一场由 30 000 多消费者发起的集体诉讼，因为它向收债公司出售 Accurint 报告（该报告被《公平信用报告法》定义为“消费者报告”）。美国联邦贸易委员会判处 InfoTrack Information Services 公司 100 万美元的罚款（由于其无力支付，后来罚款减少到 6 万美元），因这家雇员背景调查公司犯了一个愚蠢的错误，把信息出售给潜在的雇佣方并提出不准确的建议，认为某些人可能为性罪犯（InfoTrack 仅仅简单地将候选人的姓名和国家性犯罪登记系统比对，而没有进一步验证其他有效信息，例如生日、地址等）。《纽约时报》报道了一个事件，一位住在伊利诺伊州的男子最近收到了一份来自 OfficeMax 的广告，在他的名字和地址之间包含了“女儿死于车祸”的字样，而这一信息和事实却是一致的。

参议院商务委员会在最近的调查中指出，一些数据代理公司正在收集并以 7.9 美分一份的价格出售消费者信息，包括个人敏感信息，例如强奸受害者或者遗传性疾病。在 2013 年 12 月的报告中，它们指出数据代理公司有如下特征：

- 收集成千上百万消费者大量的细节信息；
- 向个人财务脆弱的消费者出售产品；
- 提供关于消费者离线行为的信息，以便营销人员定制在线广告；
- 在幕后秘密地操作。

有关再匿名的辩论

从消费者的角度来看，部分问题是很难知道如谷歌、Facebook、Experian 或其他数据收集公司和代理公司这样的团体收集和出售的数据是如何匿名的。在线广告行业将匿名定义为：当出售消费者的数据时，用计算机生成的代码替换消费者的实际名字，从而消除与个人身份信息的任何链接。但是 Hadoop 类的技术能够通过数百万的数据点找到相关性，这意味着数据代理公司（或任何能够获取这些技术的任何人）可以输入各种信息（电子邮件、电话号码、邮政编码或者甚至不太明显的可识别信息，例如个人兴趣、工作历史或关系），就有可能揭露在匿名代码下出售给他们的那些名字的真实身份。这意味着，尽管保证这些个人数据的大部分是“匿名的”，并且没有任何真实名字或电子邮件标识符被出售，但在现实中，去匿名化（有时被称为再识别）并不困难。

早在 2006 年，美国在线就提供了一个关于数据泄露的非常好的例子。结合网络信息检索，美国在线公布了过去 3 个月内的超过 2000 万条的搜索记录，数据通过用随机数字替换了使用者的身份信息。只使用网络（意思是不使用内部 Hadoop 技术），《纽约时报》的记者成功地解析出了不少匿名用户的身份，仅仅是简单地将搜索记录中这些用户的不同数据点交叉配对（比如当地零售商、医疗投诉等）。如今这通常被称为马赛克效应：当大量的似乎无关的信息被结合到一起，它们可以显示出用户非常清晰的画像，很好地揭示了信息的价值（通常包括他们的身份）。

事实上，大多数公司或许不会想知道用户的真实身份，或者至少他们的真实姓名。对于它们的软件或者产品来说，用户叫 Bob Smith 还是 98X649MT6 并不重要。为了做广告，它们只是想要一个持续而精确的数据来表明目标用户的兴趣和购买力，并且一个可靠的能联络到（推销到）目标的电脑、平板或者手机的渠道。然而其他人，比如收债公司或者猎头，甚至各种各样的作恶者，都会希望这些信息能包括一个真实姓名。

现在 Hadoop 类技术的分析能力正在变得越来越强大，这种情况也就越来越广泛。大学、雇主、贷款和房子或房屋租赁筛选公司，如今常常搜索互联网和社交媒体网站上的候选人的信息，不仅仅是验证其以前的工作历史或地址，而且会检查其发过的推文、图片或帖子。大学寻找申请人的坏（或好的）行为的指标，并评估他们以前的职位和他们的朋友的类型。数据代理公司定期提供关于种族和民族的信息（推断自朋友、社交媒体评论、照片或常去的餐馆）。像 LendUp 这样的贷款公司扫描 Facebook 和其他社交媒体网站，看看潜在的借款人是否发布过关于以前违约或失业的信息。它们不仅调查候选人的家庭问题和家中孩子的数量，甚至还考虑候选人在线“朋友”的数量。另一方面，像 Lenddo 这样的贷款公司，在社交媒体网络上张贴违约借款人的还款通知给他或她的朋友看。

这些群体不仅定期从互联网和社交媒体挖掘这类个人信息，并且也逐渐转向使用预测分析：用大数据工具来估计候选人在大学取得成功的可能性、是否擅长某个特定工作，以及贷款违约的可能性。这些系统可以从在线数据中猜测某人属于什么教会或政党，以及未来可能发生疾病的可能（通过查看食物购买记录、吸烟或肥胖指标）。塔吉特甚至有一个怀孕预测分数，用户购买约 25 个相关的产品就可以触发它。塔吉特同时声称，它可以通过这些购买记录推算出婴儿的预产期，以便给孕妇提供各种优惠券和其他促销信息，鼓励她在怀孕期的关键点购买物品。该计划在 2012 年出了个著名的错，当时塔吉特将促销广告邮寄给一位高中女生的父亲，提醒他女儿怀孕了。而且塔吉特似乎是比他先知道他女儿的怀孕消息。

更重要的是，在线个人数据和大数据工具的组合可以预测行为（准确或不准确）使社会转移到一个全新的后奥维尔时代——思想可以被预测，也可以被控制。彩票公司最近承认，它的广告时间与政府发福利的日期（以便能够哄骗那些更喜欢玩彩票游戏的享受福利者购买彩票）相匹配。这种程度的可预测性（和影响力）被 Facebook 在 2014 年的实验验证，它建立了一个测试组用户，使他们只能接受到好消息或坏消息，并且测试他们的反应。Facebook 的结论是，毫无意外，坏消息令人沮丧。但更重要的是，Facebook 发觉它可以在用户没有知情或同意的情况下进行行为实验。结果同样强调了那些控制互联网的人（控制新闻的人或其他媒体，可能是越来越多的相同的群体）可能是在控制我们的想法、意见和情绪的潜在力量。如果把这种控制放在政治选举的背景下，或者一个国家正在考虑是否发动战争，那种控制就会变得更加令人担忧。

说服的力量

2014年春天，Facebook宣布，它已经做了一个星期的实验。给69万用户发送经过过滤的正面或负面新闻，通过“点赞”和“不喜欢”的方式来观察好消息或者坏消息对用户的态度和行为会产生怎样的影响。Facebook称，它会创造“情感传染”。这不是Facebook第一次对用户进行这种类型的行为测试。在2010年，一个Facebook研究团队做了一个实验，将“政治动员消息”发送给6100万Facebook用户——如果有朋友和其他Facebook用户对“投票”活动“点赞”，那这些测试用户的投票模式将会受影响。

其他团体也进行了类似的实验。OKCupid在同一时间宣布，它已经进行了行为实验：它删除申请用户的照片，从其档案中提取文字，并告诉申请人他们的匹配度非常高（即使事实并非如此）以衡量其系统的工作效果。两家公司都宣称，这类实验是产品测试的必要部分。像任何其他媒体公司一样，互联网技术公司总是向用户提供信息的过滤版本。两家公司还指出，它们的使用条款协议中公开声明了使用用户数据做研究的权利（评论家指出，基于以正常方式收集用户数据的研究不同于主动给用户提供错误信息或过滤的信息来改变行为的研究）。奇怪的是，最近的一项研究发现，超过60%的Facebook用户没有发现他们的新闻推送是使用了一种算法，基于他们的偏好和Facebook认为他们将喜欢（并且会让他们阅读更多）的内容来为之单独生成新闻推送。

无论这种类型的行为操纵是合法的还是不寻常的，当新闻、政治观点和广告经常混杂的时候，Facebook实验的结果（即它有能力操纵行为）不会被广告商、政治家或民众自由主义者忽视。

情报收集与分析

当然，我们需要讨论美国国家安全局和情报机构。

也许没有任何事件比爱德华·斯诺登关于美国国家安全局的数字数据监测活动的启示更能引起对大数据的力量和潜在问题的关注。它引起了关于大数据是好是坏的广泛争论：收集大量的各种各样的数据、通过使用 Hadoop 技术的分布式云计算、强大的数据挖掘和新的分析技术，一个收集一切、无处不在、一劳永逸的策略，在数据仓库中存储数年的大量数据和一个单一公司视图框架，意味着一个人——爱德华·斯诺登（或他之前的布拉德利·曼宁）可以从数百个不同部门访问数百万不同文档。事实上，斯诺登事件与公众共鸣的部分原因在于，美国国家安全局的监控与互联网技术巨头和数据收集者类似，并且实际上与之相关，这些技术巨头和数据收集者也在监控着我们，如谷歌、Facebook、微软、Experian 等（一个不那么引人注目的论点是，谷歌与其 Wi-spy 街景视图计划和美国国家安全局一样可以收集每个人的私人数据，因为他们没有真正阅读这些数据）。虽然在过去几年，美国和英国政府在很大程度上成功地将媒体讨论转向电话元数据问题，事实上，斯诺登事件暴露了数百万人的隐私数据被商业公司和政府安全机构收集和分析的事实，它们经常使用的是相同的技术甚至共享平台。对于一些人来说，这意味着，就真实而不是潜在危害而言，针对私家间谍的案件至少与政府监控的情况相同。

至少应该有一些可以衡量政府责任和透明度的措施。Oracle 的拉里·埃里森（Larry Ellison）认为，我们应该先担心正在使用我们数据的银行和公司，并将美国国家安全局先放在一边。由于企业数据收集者倾向于出售个人数据、美国国家安全局（或任何其他情报服务）可以并的确通过这些私人公司购买消费者数据扩充其档案的数量、一般公民在过去二十年中愿意共享个人数据，因此大部分信息在公共领域都可以获得。私人公司也都清楚，很多个人信息可以从扫描 Twitter、博客帖子或监控客户在 Barnes & Noble 或亚马逊的评论中获得。

记住硅谷与互联网和美国国防部之间的紧密联系非常重要。毕竟，防御性技术创新和军事工业园区自 20 世纪 50 年代以来一直是美国经济增长的中心。从洲际弹道导弹（ICBM）到互联网本身的引导系统的硅芯片，大部分的战后技术爆炸归功于政府研究资金，具体说，来自美国国防高级研究计划局（DARPA）的赠款。就连苹果公司的 Siri 也是美国国防高级研究计划局投资的结果。 2012 年，美国国防部投资 23 亿美元用于电气工程或计算机科学研究，国家科学基金会投了 9 亿美元。

2013 年，斯诺登文件的泄露揭示了美国国家安全局利用私人公司，如谷歌、雅虎、Facebook 和其他 IT 及电信巨鳄（甚至通过创建“后门”技术将它们的数据电缆、索具加密算法以及监控技术直接构建到商业硬件中）的事实，马克·扎克伯格和其他人反对“将政府的介入提升到了有害的层面”的论述。他们认为，提出此论述的人没有充分了解棱镜（PRISM），这是一个因为《2008 年外国情报监督法》（*Foreign Intelligence Surveillance Act in* 2008）而被美国国家安全局授权的系统。据称它直接从 9 个最大的互联网服务商的服务器监控用户的私人通信，包括谷歌、雅虎、微软和 Facebook。不仅是美国国家安全局这么做。根据英国《卫报》发布的斯诺登文件，通过窃听通往这些互联网巨头的海底电缆，英国情报机构政府通信总部（GCHQ，与美国国家安全局大致相当）每天可以监测多达 6 亿次的通信。

我们仍然不清楚这些互联网公司对美国国家安全局的监测了解多少。部分原因是即使五大公司和美国政府在 2014 年 1 月达成妥协，互联网团体在可以透露它们与国家安全局的通信和交易方面仍然受限。但从我们所知道的情况来看，显然，情报机构和私人公司之间有许多合作的例子，这模糊了公共和私人之间的区别，以及公民自由与国家安全利益的区别。

自 2002 年美国国防高级研究计划局信息意识办公室主任约翰·波因德克

斯特（John Poindexter）提出了不详的全面信息意识计划以来，大数据的终极愿景一直是美国情报机构的目标。多年来，它们尽可能地寻求创建一个系统，收集每个人的一切，单击一下就可以分享给各种安全和执法机构，包括美国国土安全部、美国缉毒局、美国中央情报局以及美国联邦调查局。这种促进数据整合和分享，甚至试图打破外国反恐和国内刑事调查之间长期存在的障碍的努力，对判例法有严重的影响，特别是因为其中许多都被载入了由国会制定的与“9·11”恐怖主义相关的法律。举例来说，《通信协助执法法》（*CALEA*）要求互联网提供商和电话公司维护政府窃听的数据。《网络情报共享与保护法》（*CISPA*）规定在发生网络攻击时，政府和私营公司之间需要（自愿）共享信息。

还有更多政府与商业安全服务合作的例子。例如，从 2007 年开始，美国国家安全局资助并帮助 Apache 设计其发布的 Accumulo 开源数据库（从谷歌的 BigTable 数据库反向设计）来存储和分析其棱镜程序的大量数据。该系统可以捕获、分析和存储各种格式的数据，并且在美国国家安全局数据中心的数千个分布式计算机节点上操作存储和检索系统。2012 年，白宫网络安全战略总监埃利汗（Ely Khan）与美国国家安全局前员工一起创建了 Sqrrl，一个商业版 Apache Akumulo 的分析工具。到 2013 年 10 月，他们筹集了超过 500 万美元的风险资本。美国运输安全管理局（TSA）已经向私营公司寻求投标，以支持其在管理“可靠旅客计划”时的风险分析。雇用了爱德华·斯诺登的博思艾伦咨询公司（Booz Allen Hamilton）由凯雷集团控股并拥有 24500 名员工，为国防承包商、政府和情报机构提供咨询服务，其中涉及数字数据收集。其在 2012 年到 2013 年的净利润为 2.19 亿美元，收入为 58 亿美元。博思艾伦咨询公司与情报机构有密切联系：其副主席迈克尔·麦康奈尔（Mike McConnell）是布什政府的国家情报总监（DNI）。美国中央情报局前局长詹姆斯·伍尔西（James Woolsey）是博思艾伦咨询公司副董事。甚至前美国国家情报总监詹姆斯·克拉珀（James Clapper）以前也是一位公司高管。

早在 1999 年，美国中央情报局就成立了自己的非营利公司 In-Q-Tel 以支持商业部门的研究，它认为这也有助于捕获和分析情报相关数据。根据 In-Q-Tel 的第一个业务运营总监的说法，该公司迄今为止投资了 59 家 IT 公司，大多数在硅谷。其中一家公司是 Visible Technologies，据报道，它每天审核 50 多万个网站、博客和论坛，包括 Twitter、亚马逊和 YouTube，以及各种报纸、电视节目、视频和广播报道。In-Q-Tel 赞助的大数据集团还包括 Palantir 和 Cloudera。Palantir2013 年底可能的估值高达 80 亿美元，其顾问包括美国中央情报局前中央情报总监乔治·特尼特（George Tenet）和布什总统的前国家安全顾问赖斯（Condoleezza Rice）；Cloudera 则将与美国国家安全局的 Apache Accumulo 数据库相结合。

这种不断增长的私人 / 政府大数据合作最明显的例子或许是美国中央情报局在 2013 年 11 月的公开公告：亚马逊（基于 Hadoop-MapReduce）的云服务被 IBM 选中，以 6 亿美元的价格向情报机构提供数据分析和海量数据存储。已经有超过 600 个机构（包括美国空军和美国海军）签署了亚马逊的云服务。

如今，去谈斯诺登事件的启示在情报界中对收集和存储个人数据的反作用效果还为时尚早。但毫无疑问的是，这一启示暗中破坏了美国政府（特别是与德国等盟友）的声誉。来自美国国家安全局广泛的数据监测政策（反映了法律意想不到的结果）的余波也很可能将会影响到美国信息技术和国内外的互联网公司。从谷歌、苹果公司到思科公司，美国公司已经发现它们正在面临着来自国外政府（特别是中国）的指控。不管情愿不情愿，这些公司已经成为美国安全服务的走卒，因此这些国家也成为威胁美国国家安全的一项风险。2014 年 5 月，思科公司的 CEO 约翰·钱伯斯（John Chambers）直接向美国前总统奥巴马提出抗议。在爱德华·斯诺登发布了含有国家安全局员工为了植入窃听固件以拦截思科服务器、路由器和其他装置网络的照片的内部报告后，他呼吁制定新的行为规范。甚至欧洲议会已呼吁重新评估并撤回与美国存在已久的数据转移协定（在美国以“安全港协议”著称），同时提出实施更严格的数据隐私要求，并把欧盟公民的所有数字数据推到欧洲的边界内。有一项正在进行的关于微软利用 Hotmail 收集个人隐私数据调查。还有谷歌，具体地说，利用严格的规章制度对“被遗忘的权利”政策进行裁决。近日欧洲法院甚至裁定成员国的通信公司若存储用户数据两年（以便在提供情报服务时出现不时之需）被认为是违背无证搜查法的。

因为长期领导 IT 创新，美国公司发现，美国国家安全局对其广泛的个人数据进行分析的不妥协的决心可能不仅仅会导致网络巴尔干化，最终还会暗中破坏美国对抗日益增长的海外竞争者的野心。对这件事起疑心的不单单是国家政府，2013 年 9 月一项来自 TRUSTe 公司的调查显示三分之一的美国互联网使用者表示：考虑到隐私问题，如今他们已经停止使用公司的网站（或是停止公司间的商业活动）。所有这一切意味着美国公司突然不得不证明它们的产品是不可取代的，它们的方法不会危及另一个国家的安全或用户的隐私，并不得不表明长期收集个人数据已成为当今美国业务的一部分，与其他国家的安全和个人隐私立法兼容。而美国公民、政治家、情报机构和商业都应该仔细思考和密切关注这件事。

情报搜集越来越多地渗透到地方一级。美国各地的警察使用自动车牌扫描器定期拍摄（并跟踪）汽车和卡车，照片数据通常被存储在数据库中，以便其他机构访问，其中包括美国国土安全部、美国联邦调查局，以及在“9·11”后由联邦政府设立的 71 个情报融合组织中的部分。这些照片通常是被美国国家安全局广泛使用的同款 Palantir 软件进行分析（部分是由 In-Q-Tel 资助），不到 5 秒钟，就可以搜索存储于纽约警察局的 5 亿张车拍照片。

对很多人来说，这种政府、商业和大数据的融合呼吁我们大刀阔斧地整改陈旧的大数据隐私的立法。而不幸的是，我们在这条变革之路上并没有走得更快更容易。

保护个人数据

在大数据经济下，开发一个现代数据隐私框架需要面对一些难题。例如，发布精准但涉及个人敏感信息以致伤害到了某人是否属于犯罪？（比如，带有报复性的色情内容与新闻调查）照片是属于照片中的某一个人（完整的财产和使用权）还是照片中的所有人（给予当中任意一人使用的否决权）？未经照片中的人允许的情况下，所有权能否凭借使用者意愿转移？在几乎任何一段数字数据都可以在互联网上发布时，究竟何谓公共领域？（只是因为它被发布了，就突然成为公共领域吗？）数据能否用于完全不同于其原意的目的（如从一个信用部门购买数据，然后被一个收债员所使用）？

美国最高法院声称，根据第四条修正案，在警车上使用跟踪装置（在没有法院命令情况下）构成非法搜索。如果个人跟踪另一个人的行动和活动，他 / 她可以因跟踪罪被提起诉讼。那么公司为什么可以监控我们私人的电子邮件、搜索历史记录、电视节目和位置信息呢（通过全球定位系统和移动电话跟踪技术）？为什么会允许店内跟踪呢？是否通过用户协议“签名”的形式对权利设置了任何限制呢？如果你点击“同意”一个长达 37 页的未读使用条款协议，就会奉上房子和孩子的所有权吗？根据《健康保险流通与责任法案》（*HIPAA*），揭露某人涉密的医疗历史记录是一种犯罪。如果可以从一个人的 Facebook、博客帖子或搜索历史记录推断病史是否违反《健康保险流通与责任法案》的条款呢？国家安全局收集元数据的政策是否构成无证搜索？一个公司可以对个人资料保留多久？如果你想要回来呢？如果它是不准确的，你想纠正它们呢？或是想要从网络中一起删除它们呢？恶意或诽谤他人的推文会被追究吗？

在越来越多的个人数据正在产生和被收集的情况下，这些常见的基本问题被世界各地所提及，公司和法院开始全力解决以前从未考虑过的隐私问题。这些问题的答案往往在司法管辖和文化之间呈现出很大的差别。

概括地说，数字数据政策问题可分为几个领域。其中一个最根本的棘手问题就是所有权问题。数字数据属于创建它的人，控制它的团队，还是最关心它的人或团体？ 例如，如果有人问我们是否有权控制自己的照片，我们中的多数人都会直觉地说我们有。但如果不是我们拍的照片呢？如果照片中有其他人呢？ 如果它被发到网上又会发生什么？ 而且如果没有经过我们的同意就发到网上应该怎么办？如果我们刚开始同意发布到网上，但之后改变想法了呢？

在一个个人电子邮件、照片，甚至我们的皮带尺寸都能在互联网上被匿名快速散播的时代，没有比建立使用或重复使用数字数据的所有权，以及划清其责任更令人困惑的问题了。这些数据以及合法地附加在该概念上的所有权，是否是属于我们的资产？这并不简单，因为所有权通常表示着某些控制要素、使用和处置。但实际上，一旦在互联网失去约束，个人几乎无法控制其数据的使用、重复使用或处置。

那么如果一份在线报告错误地指出你被宣布破产了，你会做些什么？或如果它准确地显示你作为青少年吸食大麻，你会做些什么？如果你怀疑这些数据造成了工作被拒或给健康保险带来更高的要价（或拒绝给予），你会做些什么？你有什么权利获取访问、改变或删除这些数据？

现在，答案是只有很少的权利。因为普通用户在上网时对个人数据几乎没有真正的控制权，所以当局本能地转向那些掌握数据的人。这是欧盟在2014 年 5 月改变的方向。根据其被遗忘的权利裁决，欧洲法院认为欧盟公民有权要求谷歌（特别）删除或屏蔽那些已发布的“无关、不准确或已经过时”的信息。当然，谷歌本身并不维护或存储这些数据，其搜索引擎只是通过爬虫寻找关键词。但它说明互联网的根本性缺陷受到了更多的关注：它永远都会记得。

这项裁决也突出了全球日益增长的关于个人隐私丧失的担忧，毕竟，这是大数据经济的核心。互联网和大数据纯粹主义者认为，免费访问的数据是互联网的核心。这与那些认为个人数据是个人财产的人的反对意见形成鲜明对比：个人应该能够控制他们在公共场合出现的信息。寻求个人隐私权与公众知情权之间的平衡需要一场逾期已久的辩论。

然而，就其所有的意义来说，在提供一个合法决定什么个人数据应该或不应该出现在网上的系统方面，欧盟法院裁决不是很实用。首先，它要求谷歌员工决定用户的删除数据请求是否有效。但是谷歌任命的“裁判员”并不知道这些信息是否合法，而这些信息来自一个设想糟糕的博客所发布的十年前的破产通知。考虑到现在存在于互联网上的数十亿数据集，谷歌阻止接收任何投诉数据的负担将是巨大的。要进行这些更改，谷歌还需要验证请求者的身份，并确保请求者对数据有合法的声索权。此外，激励措施被误导。谷歌不关心通过其搜索引擎呈现的信息是否真实。那它为什么要与用户尴尬地争论？实际上，裁决只是意味着谷歌将被迫通过其搜索引擎过滤数百万用户反对的非常私人的数据，因为欧洲人决定对谷歌的在线图像做一点大扫除。

批评人士指出，这不仅破坏了网络的透明度和中立性，而且这些重要的、揭示性的信息（犯罪记录，以前的政治声明等）可以从网络历史中抹去。更重要的是，实际上谷歌自身没有接触数据本身，它可以阻止其显示在谷歌搜索结果上，但仍会存在于互联网上，仍然可以通过其他非谷歌搜索引擎访问。互联网最可怕的特点之一是跟踪数据在网上去的所有地方是根本不可能的。在不太可能的情况下，谷歌拒绝删除信息，用户可以将请求转交给国家政府设立的评估机构，以裁定删除数据，这种情况会将个人数据删除过程从互联网移到正常的过程，有证据，法官和上诉。这是现代世界司法部门第一次将权力平衡转回给消费者，但批评者和支持者都认为，这项裁决可能造成一个事实上的和官员们的噩梦。

这问题的一部分是该案件是专门根据错误印象对抗谷歌，即搜索引擎对爬取互联网时发现的个人数据不存在任何真正的控制。从逻辑上讲，毫无疑问，权利演变的下一步是被遗忘，法院将会专注于收集和发布（或至少出售或分发）个人数据的团体。但同样，简单地识别不好信息的起源并不意味着可以从发现该信息的所有其他地方将其删除。而网站发布商也保护言论自由权，如果它们发布的数据是真实的，原来的所有者可能没有法律权利去要求清除它（那些被报道在离线媒体中的数据，在没有法院命令下的情况下，原来的所有者仍然有权要求删除关于他们的信息）。

但用户怎样知道哪些关于他的个人数据一直被一个群体，比如某个信用机构收集着？毕竟，数据代理人有没有真正的动力去保证它收集的任何个人数据是准确的。个人有权查看这些数据吗？或者如果数据有错误，能否改动？

权利被遗忘后带来的必然结果是拥有知情权——一项在全球范围获得支持的行动。知情权法律要求所有类型的公司，包括互联网搜索引擎、在线跟踪公司或离线信用局允许个人看到公司到底存储了哪些关于他们的数据，以及知道数据是如何（以及与谁）共享的。这个水平的透明度在欧洲法律中是司空见惯的，但在美国仍然相当罕见（尽管加利福尼亚正在迅速朝这个方向发展）。更常见的是，美国法律要求公司允许个人查看他们的数据并进行更正，但通常只是在经过复杂的身份识别过程之后才能提供给公司更多的个人数据（现在由用户自己验证）。

但是，如果用户同意（作为浮士德式交易中讨价还价的一部分）通过使用条款合同将他或她的个人数据使用权转给 Facebook、亚马逊或数百万个在互联网上的其他在线网站中的任何一个，那该怎么办？条款合同可能是冗长且充满法律术语的，但法院一直认为它们具有约束力，在这些协议中，公司经常解释说，用户可以选择限制个人数据的使用和共享（尽管许多网站保留在任何时候更改隐私政策，恕不另行通知的权利）。Siegel+Gale 在 2012 年的一项调查中要求 Facebook 和谷歌用户审核并以百分制评估他们对公司隐私权政策的理解程度，结果是谷歌的协议得 36 分，而 Facebook 的略好，是 39 分。事实上，为了对付浮士德式交易中的讨价还价，英国的一家网上公司最近在其协议条款中添加了一项条款，指出允许用户在站点通过接受协议及其条款来声明“现在和永远，是你不朽的灵魂”。这是一项成功的法律行动，观众指出在一天之内其收获了 7000 个“灵魂”。

大数据隐私争议的另一个核心问题是，该数据是否可以整合到公司的各种产品中，或者重复用于与用户原本预期不同的目的。例如，像 Facebook 这样的社交媒体网站可以向收债公司出售用户的数据吗？在一些合同中，假设有转让或集成个人数据的权利，除非用户明确地检查并选择退出，或以某种其他方式主动干预以更改网站的默认隐私设置。对于“不跟踪”（Do Not Track）的设置也是如此，这已经成为隐私权倡导者关注的关键领域。这是因为多年来，主要的互联网公司和广告行业集团竭尽所能让选择退出跟踪过程变得令人迷惑、技术困难或非常耗时（通常在过去，尽管措辞明了，选择“不跟踪”配置只是意味着用户不再收到定向广告，即网站将继续追踪用户的在线活动）。谷歌、Facebook、雅虎和美国在线都表示，即使用户明确表示不希望接收数字广告，他们也不会再遵守网络浏览器发送的“不跟踪”信号。这就是为什么在美国，隐私权倡导者希望限制数据收集并希望流程简单透明，几家强大的公司和行业组织希望出于所谓的“运作”原因（例如，扫描恶意软件或滥用）保护网站权利和数据收集与跟踪，即使这违背了用户的愿望。

无论是因为对斯诺登漏洞所强调的对个人数据隐私的高度关注，还是仅仅因为商业公司和情报机构的跟踪政策之间有明显的相似之处，美国人开始变得忧心忡忡。在 2013 年 8 月的一次调查中，Revolution Analytics 发现 80% 的受访者表示他们希望看到一个关于收集和使用数据的道德框架。这类框架的自然转折点是联邦政府。

美国法律和大数据

目前在美国尚没有总体性的“综合”数据隐私立法试图规范公司使用个

人数据的行为。在联邦层面，国会法律法规中存在着一系列有关个人医疗保健、信贷数据、儿童、住房或就业数据的条款——《公平信用报告法》《美国爱国者法案》《儿童在线隐私保护法》（*COPPA*）、《健康保险便携性与责任法案》（*HIPPA*）、《卫生信息技术促进经济与临床健康法案》（*HITECH*）等。但是由于受到限制和行业特性，如今并没有统一的协调方法去应对大数据和数字经济最初那些待解决的事宜。

在大多数情况下，美国联邦贸易委员会具有保护与监管消费者线上权利的责任，并且如我们前面所看到的，依据《公平信用报告法》它可以对公司违反数据隐私法律的行为积极地提出起诉。美国联邦贸易委员会倾向于更积极响应消费者投诉而非主动提供指导或制定规则，它最近已经与美国参议院商务委员合作进行了关于大数据代理人情况的重要调查。但许多问题更多地涉及技术和隐私法而不是贸易，需要复杂、创新的解决方案。甚至美国联邦贸易委员会的主席描述了其规则制定过程的“复杂、繁杂和耗时”。大数据大爆炸正发生在我们周围，美国联邦贸易委员很可能将更多地维持一个规则的执行者形象，而不是一个解决方案提供者。

作为衡量数据隐私问题重要性的一个指标，甚至白宫也参与其中，奥巴马政府早在 2010 年发起了《总统的隐私蓝图》和《消费者隐私权人权法案》。这些是更广泛倡议的一部分，包括由美国商务部推动的互联网政策任务组，该组负责协调各政府机构，全面审查其所描述的“在隐私政策、版权、全球自由信息流、网络安全和互联网经济中的创新之间的关系”。自 2012 年以来，来自国家电信与信息管理局（NTIA）、美国专利商标局（PTO）、美国国家标准与技术研究院（NIST）和美国国际贸易署（ITA）的互联网政策任务组积极参与推动确定“领先的公共政策和在互联网环境中的运营挑战”。

怀疑论者可能会对政府互联网政策任务组的想法感到担忧，但《消费者隐私权人权法案》的重点是完全适当的，用其中的话说是“努力让用户更多地控制他们的个人信息如何在互联网上使用并帮助企业在快速变化的数字环境中维持消费者的信任和发展”。它阐述了关键问题的基本原则，包括以下内容：

- **个人控制：**消费者有权控制组织从他们那里收集什么个人数据以及如何使用它；
- **透明度：**消费者有权轻松理解有关隐私和安全做法的信息；
- **尊重前后关系：**消费者有权期望组织以与消费者提供数据前后一致的方式收集、使用和披露个人数据；
- **安全：**消费者有权确保和负责任地处理个人数据安全；
- **访问和准确性：**如果数据不准确，消费者有权以适当的方式访问和采用可用格式更正个人数据，承担数据的敏感性和对消费者不利后果的风险；
- **集中收集：**消费者有权对公司收集和保留的个人数据进行合理限制；
- **责任：**消费者有权获取要求公司采取适当的措施处理个人数据，以确保他们遵守《消费者隐私权法案》。

这些原则值得称赞，但确保它们在整个经济中得到应用是一项艰巨的任务，还需要依赖企业的支持。令人鼓舞的是，作为白宫倡议的一部分，数字广告联盟（The Digital Advertising Alliance），一个包括网络广告促进协会（NAI）、联邦以及其他代表 90% 的在线广告公司接受这些原则。同样重要的是，广告业（但只有广告业）已承诺不再将用户的浏览数据出售给公司以用于广告以外的原因（例如，员工筛选、收债、保险公司等）。这些向前迈出的步伐虽小但很重要。

各州政府也开始关注消费者数据隐私问题，科罗拉多州、特拉华州、康涅狄格州和加利福尼亚州都采用了消费者在线隐私法。为了响应互联网公司关于不追踪机制的诡辩，加利福尼亚州的《AB 370 法案》于 2014 年 1 月生效。该法案要求如果用户想要选择停止跟踪，那么公司要清楚地公开用户的选择，以及向消费者展示公司打算何时与第三方分享他们的个人身份信息。加利福尼亚州现在甚至要求在线公司提供一个删除按钮，以便青少年可以删除误导性的帖子。

当然，基于这些类型的问题，越来越多的法院案件正在针对公司提出。除了前面提到的例子，2014 年春天，9 名原告在加利福尼亚州向谷歌发起了一项诉讼，声称谷歌通过 Gmail 账户扫描学生电子邮件违反了窃听法律。同样，还有围绕 Gmail 的“操作”功能的问题：“操作”功能包括拼写检查、恶意软件、垃圾邮件和病毒防护，还提供了一个机会（或借口，取决于你的视角）来扫描电子邮件获取可用于其定向广告的数据。当然，越来越多的法庭正在审理中的针对公司提起诉讼的案件都是基于同类的问题。

但是，互联网公司，特别是信用机构都不打算放弃它们收集数据和跟踪网上活动的权利。毕竟，数据收集、数字数据销售和在线广告是它们的存在理由。它们在华盛顿的影响是巨大的。阳光基金会（Sunlight Foundation）和响应性政治中心（the Center for Responsive Politics）收集了 2007 年到 2010 年期间信用机构游说和政治捐款的数据，它们透露 Experian 花费了 335 万美元游说支出，另外还有 5.2 亿美元的宣传活动捐款。在那段时间里，它们收到了超过 1000 万美元的联邦合同。Equifax 在游说方面花费了 175 万美元，并获得了近 5600 万美元的联邦合同。借助其职位风光和相应权力，数据经纪公司 Acxiom、Experian 和 Epsilon 拒绝了参议员洛克菲勒和参议院商务委员会马基披露它们的具体数据源的要求。根据媒体正义中心（the Center for Media Justice）的说法，在 2008 年至 2013 年期间，沃尔玛花费近 3400 万美元游说联邦政府关于数据保护、隐私和在线广告的有关问题。仅仅在 2014 年前两个季度，谷歌就花费了 885 万美元用于游说华盛顿政府。

国际关系

在今天的数字经济中，用户可以访问国外联系人的账户、交易电子邮件和照片，还可以在不受时间和国界的限制下通过互联网在国际上购物。一个国家内的公司可以与世界各地无论大小的公司进行商业交易，如订货、交换协议、支付，这些交易的记录或许会被全球性网络服务器存储或捕获。

例如，亚马逊云服务平台在美国、日本、巴西、爱尔兰和新加坡拥有服务器。大量的数据存在于“未知所有权”的全球云中。这类跨境在线数据流对互联网经济和国际贸易的一个不可或缺的方面是至关重要的。然而，这种跨辖区的全球基础设施充满了有关网络安全、欺诈、数据所有权和使用的问题。如果大数据和数字经济蓬勃发展，政府需要商定如何确保这些跨国交流受到保护，远离那些想阻止、复制、揭露或重新使用这些数据，违反其公民愿望的人。

各国对网络空间处理的自然趋势即是他们处理自己自然边界的方式，特别是因为作为创新的孵化器和通信的基础设施和商业，在许多方面互联网已成为地理政治定位为现代国家的最重要的元素之一。一个明显的问题是不同的国家对政府、间谍和恐怖主义的作用，尤其是对数据所有权和隐私问题有不同的看法。

美国人一般自称对公司（或美国国家安全局）捕获他们的在线活动或收集大量的个人数据的想法相对放松，并且更喜欢鼓励（在消费者和企业方面的）自我调节的创业主义。欧洲人往往对个人数据企业或国家可以收集的个人公民有更多的限制。像土耳其以及在更大范围上的俄罗斯和伊朗，将互联网看作政府权力的工具，也是一个可能需要被监管的威胁到国家安全的平台。

所有这一切意味着一个人的开放互联网是另一个人对人身自由或政治稳定的潜在威胁。它没有帮助西方和中国间谍机构进一步玷污“自由和开放的互联网”，使其成为政治和工业间谍活动的主要工具。

大多数欧盟国家法律基于欧盟数据保护指令，欧盟数据保护指令甚至现在正在更新一套法规——《一般数据保护条例》（*General Data Protection Regulation*，GDPR），这将为所有欧盟成员国提供一套一致的严格数据隐私标准和保护，实施重大罚款（对于疏忽的安全漏洞可以高达2%的跨国公司全球营业额）。欧盟有一个更加明确的“不跟踪”指令，需要明确同意才能在用户的计算机上放置 cookie。一般数据保护法规框架将个人数据广义地定义为“与个人有关的任何信息，无论其涉及他或她的私人、专业或公共生活。可以是名字、照片、电子邮件地址、银行详细信息，社交网站上的帖子、医疗信息或计算机的 IP 地址”。

英国政府有一个信息专员办公室，这个独立的权力机构成立于 2010 年，有权调查违反《数据保护法案》及《隐私和电子通信法》（*PECR*）的案子，并评估高达 50 万英镑的罚款（约 85 万美元）。不仅是欧盟成员国已经采取更全面的数据保护法。类似的指令已经在 100 多个国家出现，其中包括新西兰、加拿大、新加坡、澳大利亚和墨西哥。

多年来，在大数据大爆炸之前，美国、欧洲和亚太国家共同制定了允许国际交换数据的各种实践和规则，包括美国联邦贸易委员会的公平信息实践原则（FIPP）[①]和跨境隐私规则体系（CBPR）[②]，现在包括亚太经济合作组织的 21 个成员，还可以处理其他具有不同隐私制度的国家之间的信息交流问题。最重要的是，美国商务部在 2000 年首先开发了一个称为“安全港协议”的框架，以确保英国和欧盟存储在美国的数据（通过无数的跨国公司）与更严格的欧盟关于数据隐私收集和存储的规则一起协作。安全港协议要求公司的年度认证需遵守七项原则：

- **注意：**个人必须被告知他们的数据正被收集和如何被使用；
- **选择：**个人必须有退出数据收集并向第三方转发数据的选项；
- **持续传输：**向第三方传输数据仅仅发生在遵守适当数据保护原则的其他组织身上；
- **安全：**必须做出合理的努力以防止所收集的信息丢失；

① 管理公司之间数据交换的自愿准则。

② 美国自 2011 年以来一直是其成员。

- **数据完整性**：数据被收集的目的必须相关且可靠；
- **访问**：个人必须能够访问持有的关于他们的信息，如果不正确，可以更正或删除；
- **执行**：必须有有效的执行方式。

安全港协议旨在为美国公司提供一种方式，而不必改变美国法律，数据可以继续在美国总部和欧洲办事处或子公司之间移动，只要它们同意确保对个人数据的充分保护，并通常遵守欧盟《数据保护法案》中更严格的个人数据隐私规定。到 2014 年初，已有 3000 多家美国公司签署了这些条款。

但自从 2000 年安全港协议创立以来，有了很多变化，其中包括云计算的发展，以及更有争议的《美国爱国者法案》（*US Patriot Act*），允许美国政府访问存储在美国服务器中的外国数据，甚至包括美国公司在欧盟保存的数据。而且，根据《美国爱国者法案》，所有这些数据，包括欧洲公民的个人数据，可以在没有欧洲当局或公民自己的知情或同意的情况下随时由美国政府访问。

《美国爱国者法案》还规定，由在美国的非美国公司，甚至互联网巨头的子公司（谷歌、亚马逊、Salesforce、微软和 Facebook）收集或存储任何欧盟数据，这些公司在未被告知或未经许可的情况下，受到了美国情报部门的监控。这意味着，例如，谷歌的英国子公司或德国子公司持有的欧盟公民的个人数据可以随时由美国当局访问和读取（这些公司和他们的欧盟公民雇员甚至不需要被告知）。

不用说，《美国爱国者法案》的全面性使它与新的欧盟数据保护法规直接冲突，并在欧洲引起了许多麻烦。这也意味着长期存在的安全港协议受到了特别是来自欧盟议会的打击，2013 年 11 月，在欧盟内部事务专员表示美国国家安全局“已经成长为一个不可控制的怪物”之后，欧盟议会呼吁暂停协议。最后，委员会同意在 2014 年夏天考虑达成妥协解决方案的可能性，但自那时以来的谈判，根据国家安全的个人数据隐私的态度，欧盟和美国当局之间的差异日益突出。

有趣的是，被欧盟法院在 2014 年 5 月裁定的被遗忘的权利对《爱国者法案》产生启示，因为这意味着美国公司的国家子公司（例如，谷歌西班牙）必须遵守欧盟法律，即使它们的客户资料是由美国的服务器存储和分析的。这是国际环境中首次关于数据隐私的一场重大的意识形态和法律间的战争。

这种国际数据隐私的开战不会少了互联网高新技术公司，它们看到互相矛盾的国家规则对互联网开放性质的威胁，特别是对他们利用收集的数据做任何想做的事的限制。这甚至导致批评家，包括德国数字出版社阿克塞尔·斯普林格（Axe Springer）的 CEO 马塞亚斯·多夫纳（Mathias Döpfner），指责这些与谷歌一样强大的团体，可能会试图通过创建离岸数字超国家来避免监管机构和隐私法（考虑到谷歌已经分别在旧金山湾和缅因州波特兰的港口构建了两个大规模、神秘的浮动驳船，这可能不是那么遥远）。

所有这些为我们留下了更多的问题，而不是答案。在可接受程度的隐私权保护下还会有可持续创新吗？对数据收集和使用的限制会削弱创新吗？全球数字经济中的所有重要参与者是否都可以就围绕大数据隐私和使用的主要问题达成一致，甚至在原则上达成一致？ 我们是否信任公司（政府）通过内部行为守则来规范自己，或者我们是否需要通过审计和法院判决实施的正式强制性政策？

这些问题需要解决，并且需要迅速解决，以驯服在过去十年间一直在进行的如“狂野西部”（the Wild West）般不受限制的数字化，但现在或许就是大数据本身的成功，威胁到了数据安全、隐私和公民自由。

北京阅想时代文化发展有限责任公司为中国人民大学出版社有限公司下属的商业新知事业部，致力于经管类优秀出版物（外版书为主）的策划及出版，主要涉及经济管理、金融、投资理财、心理学、成功励志、生活等出版领域，下设“阅想•商业”“阅想•财富”“阅想•新知”“阅想•心理”“阅想•生活”以及“阅想•人文”等多条产品线，致力于为国内商业人士提供涵盖先进、前沿的管理理念和思想的专业类图书和趋势类图书，同时也为满足商业人士的内心诉求，打造一系列提倡心理和生活健康的心理学图书和生活管理类图书。

阅想•商业

《谁动了你的数据：数据巨头们如何掏空你的钱包》

- 关于大数据极具预见性的未来之作
- 《纽约时报》专栏作家安娜·贝尔纳谢克携手法律顾问 D. T. 摩根合著

《大数据经济新常态：如何在数据生态圈中实现共赢》

- “商业与大数据”系列图书之一,一部关于大数据经济的专著
- 数据经济时代，没有一家独大，唯有共赢，才能共生
- 客户关系管理和市场情报领域的专家、埃默里大学教授倾情撰写
- 发展中国特色的经济新常态的优质实践与指南

《大数据掘金：挖掘商业世界中的数据价值》

- 在滚滚而来的数据洪流中沙里淘金，挖掘大数据背后的价值洼地，为企业带来下一个增长红利
- 本书作者是国际知名的商务分析与数据挖掘专家、俄克拉何马州立大学斯皮尔斯商学院管理科学与信息系统教授杜尔森·德伦博士
- 一本文本及网页挖掘、情感分析以及大数据的最新入门指南
- 全面的数据挖掘框架：过程、方法、技术、评估、工具等
- 简明教程与现代化案例分析揭秘复杂概念
- 适合管理者、分析团队成员、资质认证考生及学生

《大数据产业革命：重构 DT 时代的企业数据解决方案》

- 一本倾注了 IT 百年企业 IBM 对数据的精准认识与深刻洞悉
- 由 IBM 集团副总裁、大数据业务负责人亲自执笔的大数据产业宏篇著作
- 助力企业从 IT 时代向 DT 时代的升级转型
- 由中国统计信息服务中心大数据研究实验室主任江青、清华大学数据科学研究院副院长韩亦舜、中国知名互联网专家、中国移动互联网产业联盟秘书长李易等联袂推荐

《大数据供应链：构建工业 4.0 时代智能物流新模式》

- 大数据供应链落地之道的经典著作
- 美国知名供应链管理专家娜达·桑德斯博士力作
- 聚焦传统供应链模式向大数据转型，助力工业 4.0 时代智能供应链构建

《企业债投资市场数据分析：从入门到精通》

- 美国杠杆融资战略领域领导者权威著作
- 从风险控制师到信用分析师、基金经理、投资银行家，从资本市场交易员到销售、资产配置经理，一本投资界从业人员决胜企业债投资市场必读的数据分析书

《像创新者一样思考：改变世界的创新大师们》

- 世界颇具影响力的全球思想领袖网络创建者、扁平化理论先驱最新力作
- 对几十位世界创新先锋们的独家深度采访，全面解析创新大师成功的基因，直击创新的本质

《精简：言简意赅的表达艺术》

- 精简就是帮自己和他人节省时间和资源，并将省下来的时间和资源花费在美好的事情上
- 企业管理者、营销人员、销售人员、企业家以及所有想要成为一名精益沟通者的个人的必读之作

《商业模式创新设计大全：90% 的企业都在用的 55 种商业模式》

- 深入研究 50 年来最具革命性的商业模式创新案例
- 详尽解读世界上最赚钱的 55 种商业模式
- 帮助你打破一切常规，对现有商业模式进行重组和创造性模仿
- 为创造新的商业模式酝酿灵感，找到适合你的企业的商业模式

《协同经济：如何在扁平化世界中寻找未来商机》

- 在由数字、注意力和协同经济构成的扁平化世界中，科技和通信领域的迅速发展，让全世界的人们空前地彼此接近，创新工具的日新月异将让终端用户具有史无前例的力量
- 享誉全球的企业发展战略思想领袖又一力作
- 分享世界领航者们的成功经验，为企业寻找未来商机保驾护航